少年时

还我洁净的大气

小多（北京）文化传媒有限公司　编著

广西教育出版社
南宁

卷首语

人类在宇宙中寻找宜居星球时，首先要考察的是大气，看看这个星球的大气层是不是有合适的湿度，里面有没有可以供我们呼吸的气体，大气层的“供热系统”不能太热也不能太冷，同时还要防辐射。地球的大气层也不是生来就是这样的，地球大约在45亿年前形成，直到24亿年前，自由的氧分子才开始出现，数亿年前，才有了现在的四层“大气蛋糕”，才有了今天的我们。

大气层从不会一成不变，不过，当遭遇污染物时，“大气蛋糕”就会直接变质。燃煤让伦敦成为雾都，汽车尾气和工业废气让洛杉矶遭遇光化雾。空气的污染物直接造成了地球上生物的病痛和死亡。

在本书中，我们一起来了解这些污染物的劣迹。你会发现，很多污染物的治理都是在与人的利益和习惯做斗争。比如，含铅汽油的禁止损害了化学工业，汽车尾气的限制威胁了汽车工业，甚至少开车、少烧煤，都影响着人们的生活习惯。你也会了解，现在可以用什么方法为大气做大扫除。

我们使用的每一件东西，都有一个源头，也有一个去向，我们都不希望它们最终变身为污染物。干净的空气，是我们最珍贵的宝藏。

目 录

▲ 深度阅读：训练纵向思维能力

◆ 未来动向：拓展视野，掌握最新科技

● 思维拓展：培养新式看世界的能力

■ 探索实验：学会研究方法，培养探索精神

★ 科幻漫画：连接科学原理与未来想象

图片来源：Shutterstock：封面，内封，目录，2-4，8-9（背景），12（下），21-22，24-28，30-32，34-35，37-38，41，44-45，46（下），47，48-49（背景），50-52，59（背景），60（上），72-73，75-76，82（上），95-96，98-102，103（下），104，106，107（上），108-109，110（下），112-124；Wikimedia：5（上），8，10（下），39，46（上），53，61-63，97，103（上），105，107（下），110（上），111；NASA：11，12（上），13，49（上），77，82（右）；USGS：6（图1）；JPM：6（图2-4）；Susan Hill：9（上）；University of Pittburgh：10（上）；Hung Chung Ghih：40；Harry LeVine：43；Rich Franklin：56（上）；ICFO：56（左下）；Russ George：56（右下）；Oasys Water：57；UCLA：59（上）；Earthday：60（右）；Robert Simmon：78；NOAA PMEL Carbon Program：79；U.S. Department of Energy Office of Science：80-81；Yuanyuan Fang：118。我们已经竭尽全力寻找图片和形象的所有权。

Grit in the Cake

“大气蛋糕”里的“沙砾”

作者：丹·里施（Dan Risch）
译者：梁素维
绘者：李林擎

地球的大气层就像是一个四层的巧克力蛋糕。

烘焙蛋糕需要食谱和食材。糖、水、面粉、鸡蛋、苏打粉，当然还需要巧克力。将它们混合搅拌，然后放入烤箱。加热能让这些食材发生化学反应，变成让人流口水的巧克力蛋糕！

地球大气层和巧克力蛋糕有点像，也是一系列化学反应的产物。

大气层这个大气泡有多大？打个比方，如果地球缩小到只有一个篮球那么大，那能供给生命呼吸的大气层，大概只有一张纸的厚度

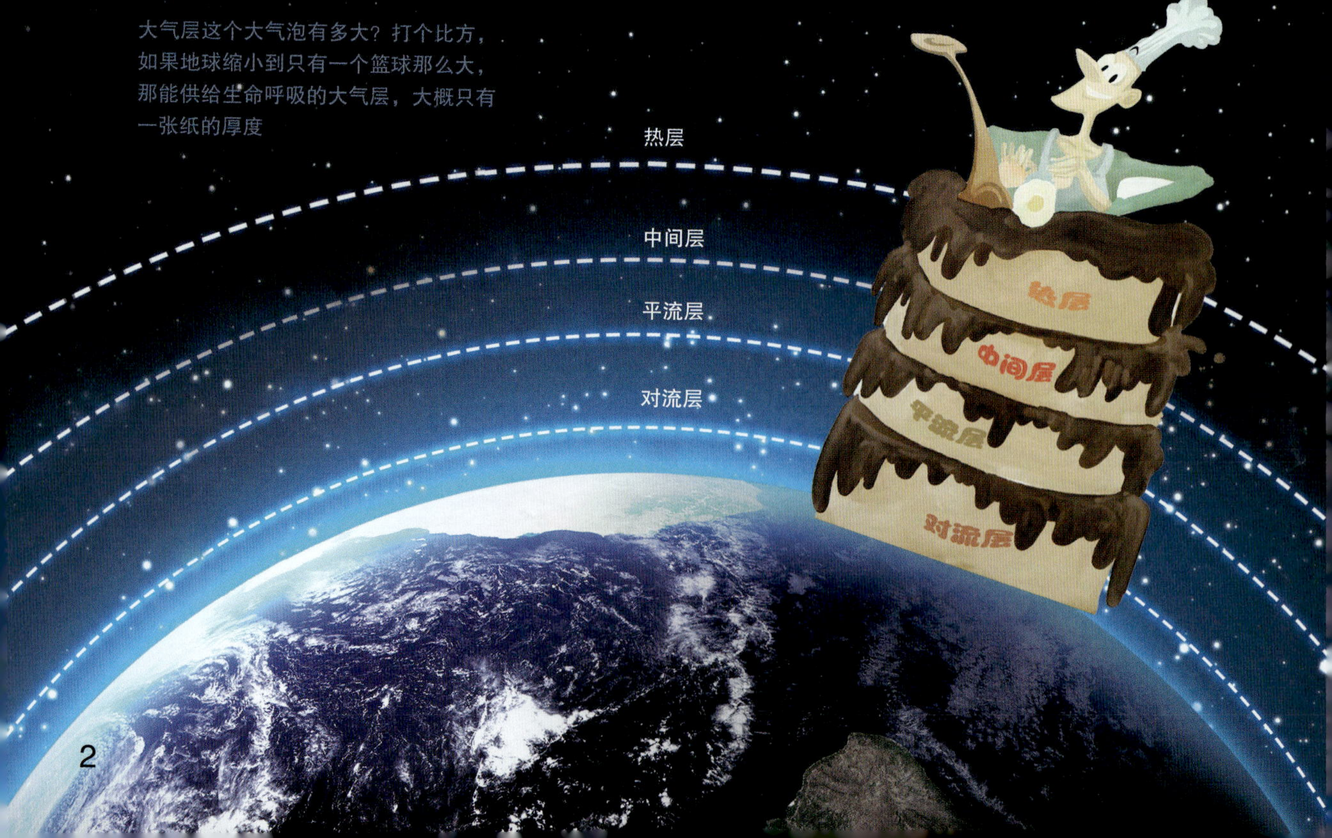

它的底层叫作“对流层”，由约78%的氮气、21%的氧气、少量其他气体和微粒组成。对流层就像一个充满可供呼吸的空气的大气泡，包裹着地球。

在对流层之上，从地表10千米以上，一直到50千米的高空，叫“平流层”。和对流层相比，在如此高的高空，太阳能增加了，空气密度变小了。平流层内有一套与对流层不同的化学物质混合在一起，氧气和氮气仍在其中，还有大量的臭氧和氧化氮。

大气的上面两层分别是中间层和热层，其中热层在最外面，一直延伸到宇宙中。

从底部到顶部，一层层的“大气蛋糕”塑造着地球上的生命。风、水和气温全都仰仗大气。这个特殊“蛋糕”中的一切，从最小的分子到最人的分子，都是由化学反应生成的。

大气的“配料生产线”

包裹着地球的大气看不见摸不着，你只能在一阵阵风中感受到它的存在，它怎么能堪当重任？事实上，大气中各处都有微小的“机器”在不停地工作——分子之间相互吸引又相互排斥，丢失或者获得电子，碰撞然后发生反应，生成新的、不同的分子。

你能证明这些小“机器”的活动吗？夏天的雏菊就是一个例证。

雏菊（或其他任意的植物）在发芽时，都会进行一种非常古老的自然化学反应，参与反应的分子都是按照一个特定的配方混合，而这个配方可以追溯到现代地球大气形成的时候。

科学家认为，在20亿年前到30亿年前，地球大气中只有水蒸气、少量的二氧化碳和氮气。在这样的大气笼罩下，地球表层并不适合生命扎根。随着时间的流逝，太阳辐射激发了一条新的化学物质“生产线”，为地球表层的“大气蛋糕”添加原料，这些新的原料对生命更友好。

太阳能驱动了水分子的分解。化学

家将水分子写成 H_2O，表示两个氢原子和一个氧原子结合，形成一个水分子。在太阳的作用下，氢原子挣脱氧原子，然后作为最轻的化学元素克服地球的引力，穿过大气层，飘进太空，而相对较重的氧原子则继续它与地球的“牵绊”。

原始的植物能察觉大气中的变化。科学家目前还不能确定到底发生了什么，但是植物利用大气中增多的氧原子，

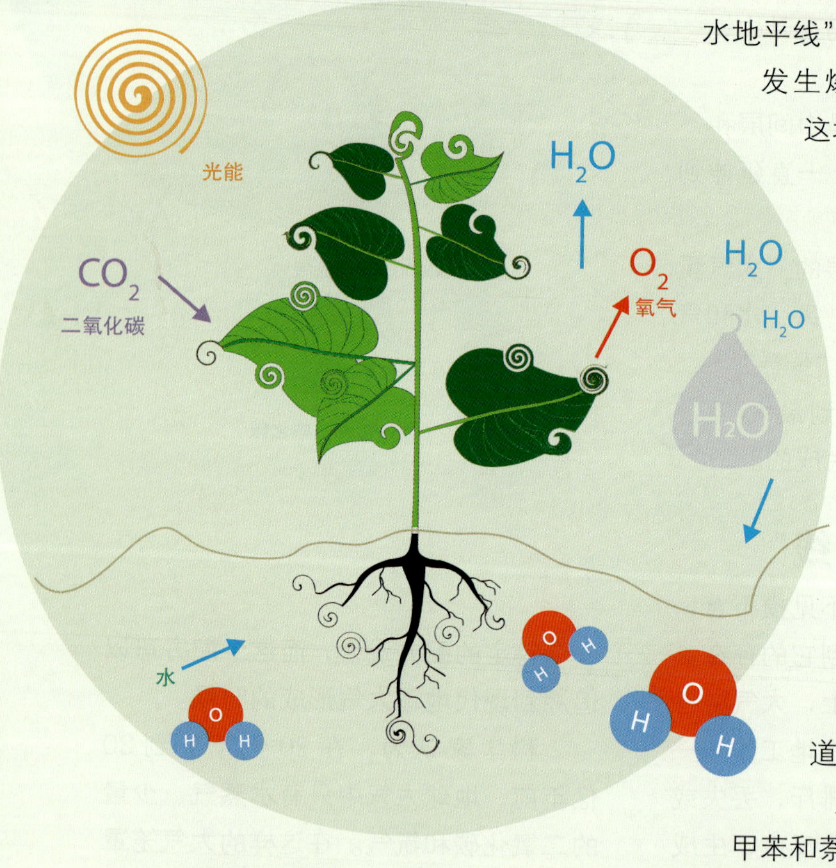

开始变得越来越复杂，成为“大气分子机”的一个关键部分。

在一个叫作“光合作用”的化学过程中，植物和藻类在太阳能量的帮助下，将水和空气中的二氧化碳结合，实现生长。生长过程的副产品是越来越多的自由氧。科学家命名为“碳循环”的化学反应循环出现了。

渐渐地，地球表面的陆地被吸入二氧化碳、吐出氧气的植物所覆盖。到了数亿年前，地球的四层“大气蛋糕”开始形成。

“分子机”混进了“沙砾”

我们有许多方式可以毁掉蛋糕，地球的“大气蛋糕”也一样。2010 年，“深水地平线”石油钻井平台在墨西哥湾发生爆炸，11 名油井工人死于这场事故。在几个小时之内，钻探平台就沉到了海底。在接下来的 87 天里，估计有 490 万桶石油泄漏到海里。

一次石油泄漏和地球大气有什么关系呢？石油泄漏是人类活动使“大气分子机”生产变得紊乱的鲜明例子。你只要看看“深水地平线”钻井平台爆炸引起的一系列混乱就知道了。

危险的化合物，包括苯、甲苯和萘等，都随着石油泄漏在太阳下蒸发，释放到大气中。苯能致癌，甲苯和萘也可能致癌。

在进入大气的过程中，石油挥发的其他化学物质会和大气中已经存在的物质发生反应。这些反应生成了大气科学家所说的二次有机气溶胶（SOA）。

2010年4月20日，“深水地平线”钻井平台发生爆炸

然而，科学家目前还没有充分了解SOA究竟是如何影响大气质量的。

其他脱离石油的碳氢化合物分子与大气中的氮氧化物（NO_X）反应，生成次生化合物臭氧和硝酸过氧化乙酰（PAN）。PAN会危害植物，还能和汽车尾气发生反应，形成烟雾。平流层的臭氧能让地球上的生物免于太阳紫外线辐射的伤害。但更接近地面的臭氧，比如“深水地平线”钻井平台爆炸产生的臭氧，会给老人和小孩带来健康问题。

有人认为，“深水地平线”钻井平台爆炸对包裹着地球的大气层没什么影响，因为毕竟污染排放得到了及时控制。然而，这种想法忽略了每天发生在世界各地的、类似的、并没有那么剧烈的人为因素造成的空气污染所带来的累积性影响。

电子扫描显微镜图（从上至下）：以 100 微米为参照的火山灰；大小在 10 ~ 100 微米的飞灰；10 微米的南芥菜花粉；柴油机喷发的煤烟，球形的煤烟颗粒大小约 1 微米

地球的四层大气是在亿万年前形成的。在那段时间里，一批批的分子混合、匹配，直到平衡。在这个平衡下，生命繁衍。

然而现在，太多的人类活动，从类似石油泄漏这样的灾难，到骑燃烧汽油的摩托车这样的日常活动，都在向大气排放污染物，大气中的化学成分也随之变化，而且是向不好的方向变化。

大气中混入致癌物质已经很恶劣了，但是“深水地平线”钻井平台爆炸带来的更大危害，在于爆炸释放出大量的烟灰和烟雾，这些污染物被称作“微粒”。实际上，一个关于此次爆炸对空气质量影响的研究表明，在灾难引发的大量微粒物质中，细颗粒物（$PM_{2.5}$）占大多数。

最麻烦的颗粒物

颗粒物一般非常小，极易扩散到空气中，并停留很长时间，传播很远的距离，而且通常携带有害的化学物质。

大气中的微粒有多小呢？它们是微米级的，1 微米是一百万分之一米。其中细颗粒物通常被简写成 $PM_{2.5}$，即微粒直径为 2.5 微米。它们是最麻烦的颗粒物。

这些颗粒物基本来自人类活动，比如火力发电（烧煤）、航天火箭发射、用烧汽油的割草机割草，还有前面所说的油井爆炸等。然而，列出的这些活动还只是一小部分 $PM_{2.5}$ 的来源。

当然也有自然活动参与其中。植物会释放一些挥发性有机化合物（VOC）。

2014年，德国研究者判定，一种叫作“单萜”的挥发性有机化合物在释放到空气后，几乎会立即与空气中的氧原子、碳原子和氮原子发生反应。这些反应的最终产物，就是被科学家称作“二次有机气溶胶”的悬浮微粒，它能生长到100纳米，足以汇聚成云朵捕获太阳辐射。它们还为那些有害或无害的化学物质提供聚集和反应的场所。

即使植物会释放出微粒，人类行为导致的微粒污染的影响也要超过任何自然活动，并远远超出地球能消除或抑制微粒带来的危害的自我调节能力，最终结果是地球的“大气蛋糕”的“配方”发生变化，而这些变化正在改变人类赖以生存的风、水和气温。你可以看到，全球气温正在上升，海洋的酸性越来越强，气候类型也在发生转变，庄稼和森林遭到破坏，全人类的健康也处于危险中。

这一切，都是因为我们的“大气蛋糕”中混入了“沙砾”。

微粒

科学家按照微粒的形成方式，对它们进行了分类。如果你在一堆篝火旁坐着，燃烧的木头在夜空中释放出来的烟雾、气体和闪烁的火花是你周围微粒的主要来源。

同样，其他燃料，比如石油、煤炭、天然气、垃圾、泥炭、旧轮胎等，燃烧后在将自身储存的能量释放出来的同时，也成为悬浮微粒的来源。火力发电厂，还有城市公交、喷气式飞机、小型摩托车等交通工具，在燃烧燃料时都会排放出相当一部分的初次微粒。

其他初次微粒包括拖拉机耕田时扬起的灰尘，煤块在装载到卡车上时扬起的灰尘，老建筑拆迁的灰尘，甚至你在一个有风的日子里行走时带起来的灰尘。

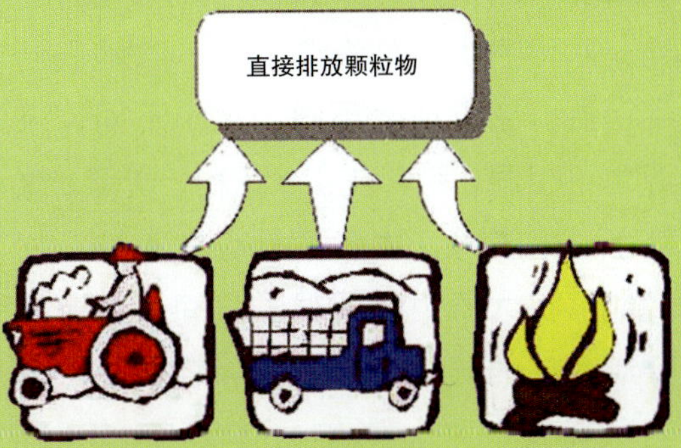

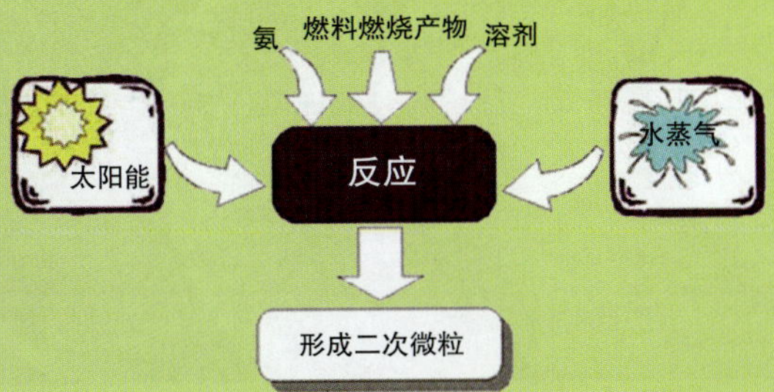

当然如果有初次微粒，那你猜想或许会有二次微粒。你猜对了。

初次微粒一旦进入空气，就会搅动“大气分子机”的生产。因为数百种化学物质可能附着在初次微粒上，这些“乘客”会和空气中已经存在的化学物质发生反应。这些化学反应的产物就是二次微粒。

最常见的带来二次微粒的人类活动是汽车燃油、火力发电等。这些排放物里有二氧化硫和一氧化二氮。在太阳能的作用下，它们能和水蒸气发生反应，生成细颗粒物（$PM_{2.5}$）。

Tiny Paticles in the City

徘徊在城市上空的杀手

作者：沃夫·兰德（Volf Land）
编译：凯西

即便在能见度较高的天气中，你也可能正在吸入数百万的颗粒物。这些颗粒物被称作“气溶胶”，大小从几纳米到几微米不等，分布在地球大气的各处：从沙漠上空到海洋上空，从地表到平流层。它们成分不同，大小不同，来源也不相同，包含灰尘、花粉、炭黑（煤烟）、烟雾等，大多数具有危害性。它们能够在大气中停留很长时间，也容易穿越人体的防线，随着呼吸轻松进入人的气管或肺中，影响身体健康。PM_{10}进入肺部，会导致支气管疾病；$PM_{2.5}$还可以进入肺部更深层，甚至会到达血管。在对气候的影响上，这些颗粒物具有高反光性，能将射入地球的太阳光反射回太空。

当然，我们可以说，大部分颗粒物自古就有，但是，比起大海甩起的海盐、沙漠刮起的沙尘，人们发现，更难认识和管理的其实是自己生产的颗粒物。而且，它们就“埋伏”在我们周围。

比如，电厂、制造业用的各种化石燃料，它们燃烧时产生的二氧化硫会生成硫酸盐气溶胶；开荒烧地产生的烟雾含有大量的有机碳和炭黑；在室内，抽烟、烹饪、烧烤、燃烧蜡烛等也是气溶胶的来源。

人为产生的气溶胶直接决定了城市和工业区的下风口的空气质量。

想想这些口罩吸收的就是可能被你吸入体内的东西。这是在金属作业中用于过滤的 NIOSH P95 过滤垫。有纪录片显示，北京的雾霾天戴的口罩也呈现了类似变黑的过程。如果没有防护，颗粒物将随呼吸直接被吸入体内

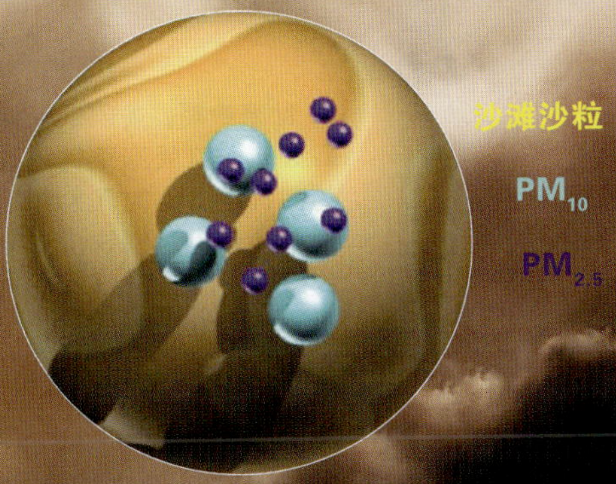

颗粒物（Particulate matter，PM）的尺寸

真实的故事

伦敦曾有“雾都”之名，冬天多浓雾天气。这里也是18~19世纪工业革命蓬勃开展的地方。当年的蒸汽机使用木头、煤炭等燃料，改变了生产制造模式，从手工转为批量的机器生产，由此带来一系列颠覆性的创新和发展。但是，大量使用木头与煤炭燃料也留下了隐患。燃烧时产生的烟尘与雾混合产生污染物，其威力日益显现。英国的煤炭产量在1913年达到2.87亿吨的顶峰，直到20世纪60年代，煤一直是英国机器生产中的主要燃料。与此同时，在20世纪50年代以前的100年间，伦敦发生了大约10次大规模烟雾事件，其中最严重的就是“1952年伦敦烟雾事件”。

在一些环境科学教科书中，有这样的描述：

1952年12月5日开始，逆温层笼罩伦敦，城市处于高气压中心位置，垂

20 世纪中期，美国钢铁城匹兹堡一直受到空气污染的困扰。当地的气象和地理条件使大量钢铁厂排放的烟雾无法消散（Credit: University of Pittburgh）

直和水平的空气流动均停止，连续数日寂静无风。当时伦敦冬季多使用燃煤采暖，市区内还分布有许多以煤为主要燃料的火力发电站。由于逆温层的作用，煤炭燃烧时产生的二氧化碳、一氧化碳、二氧化硫、粉尘等污染物在城市上空蓄积，引发了连续数日的大雾天气。其间由于毒雾，大批航班被取消，甚至汽车白天在公路上行驶时都必须打开大灯。

混合着污染物的烟雾笼罩民宅，让人眼痛、鼻痛、咳嗽。大雾发生后的隔周，伦敦各医院收治了大量支气管炎、支气管肺炎、心脏病患者。据英国《卫报》报道，预计当时死亡人数超过 4000。加上一些慢性病患者，数周后又有 8000 多人死亡，合计死亡人数达到 12000 以上。

1954 年前后，洛杉矶，国际乐观主义者俱乐部成员头戴防烟雾面具参加聚会。国际乐观主义者组织于 1911 年在美国创立，其宗旨为“将最好的带给孩子”。现在世界各地有 2900 多个俱乐部

你可能觉得类似这种城市里因烧煤导致烟雾的时代已经远去了。现在去英格兰东北部那些曾经产煤的城市，你会发现那里的矿井已经成为遗迹。人们似乎已经告别了工业革命时代的污染，但是另一种污染又来了。

现代城市的隐患

汽车尾气和工业废气的排放取代了煤炭燃烧而成为现代烟雾的源头。

洛杉矶也曾经是烟雾肆虐之城。1943 年，“二战”还未结束，洛杉矶市民突然发现灰色的烟雾侵入城市，

逆温层：指的是地面上的温度随着高度的增加而升高，与高度增加温度下降的正常现象相反。出现这种情况时，较高层的暖空气覆盖较低层的冷空气，这样空气对流不畅，导致空气中的污染物无法消散。

“7 月 8 日，从格兰德大街到联合车站的人们都在喃喃自语，惊讶于这突如其来的烟雾”。在洛杉矶市的两位记者奇普·雅各布斯和威廉·凯莉的笔下，“吸入的污染物质威胁人们的健康，无论他们是否有过敏史，都会产生急性过敏反应——眼睛红肿、声音嘶哑”。人们开始还以为是刚偷袭完珍珠港的日本人的又一次袭击——化学武器袭击。

直到 20 世纪 50 年代，一名在加州技术研究所工作的化学家阿里·哈根－斯密特给出了答案，他后来也被称为“空气质量科学之父”。他首先发现臭氧是烟雾的第一来源。当汽车没有充分燃烧的尾气，石油化工厂排放的碳氢化合物、氮氧化合物，还有挥发性有机物，受到太阳照射时，臭氧和颗粒物发生反应，空气中散发漂白粉味道，形成二次微粒，造成眼睛刺痛和呼吸问题。

这些二次微粒与初次微粒混合形成“光化雾”，存在于所有的现代都市。而且在阳光好、温暖、干燥、拥有大量汽车的城市里，这种现象更为普遍。

让人们认识到这是自己每天开车造成的后果其实并不容易，洛杉矶用了 20 年的时间，才开始引入减少汽车排放的措施。

北京的雾霾

20 世纪 80 年代，北京的春天经常遭遇来自西北的沙尘暴。20 年后，沙尘暴不常见了，但是另一种古怪的天气——雾霾——出现了，而且集中在供暖季节。人们一开始并不知道空气中有什么。渐渐地，“$PM_{2.5}$”（细颗粒物）这个词开始流传。

这是 1973 年宇航员在空间站拍摄的洛杉矶照片，照片显示洛杉矶遭受的烟雾

2009 年，位于东三环的美国驻中国大使馆利用自家院内的一台空气检测仪，通过社交网络实时发布北京 $PM_{2.5}$ 的监测数据，雾霾进入人们的视野。2011 年，雾霾天数有增无减，环保部门终于推出了空气质量新标准。2012 年，雾霾终于有了数据追踪，北京和一些城市开始对 $PM_{2.5}$ 进行试验性监测，显示北京雾霾天达到 125 天。2013 年，中国 74 个城市开始全面监测、发布包括 $PM_{2.5}$ 在内的六项基本污染物的信息。到了 2015 年，实时监测的城市增加到 338 个。预计到 2016 年，全国的监测网将形成。

很多人一直想弄清北京 $PM_{2.5}$ 的来源。一时间众说纷纭，供暖季烧煤问题首先被责难，而烟花爆竹燃放、“中式烹饪”产生的油烟也在被声讨之列。不

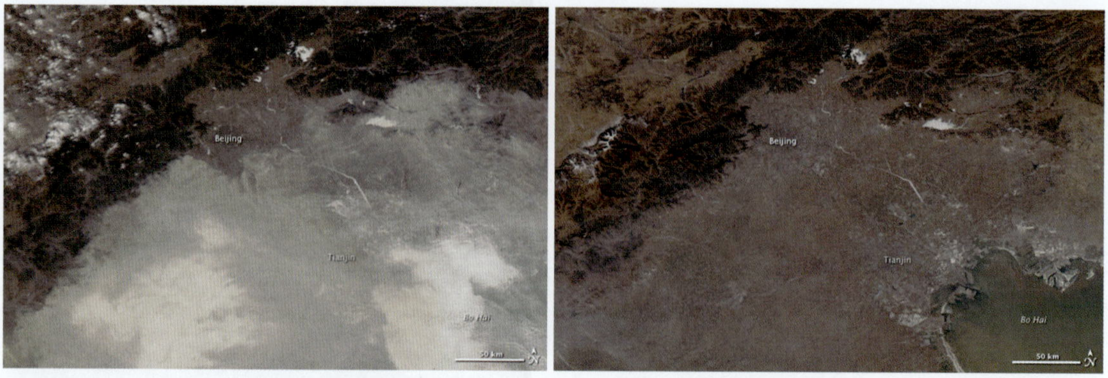

左图是 2012 年 1 月 10 日 Aqua 卫星拍摄的照片，从图上你可以看到，浓雾降低了能见度。此时，北京北部已经开始刮风，不过华北平原的大部分的城市还笼罩在浓雾中。右图是 Aqua 卫星在第二天拍到的图片，此时浓雾已经散去

过，相比工业燃煤燃油以及汽车超标尾气排放对大气污染的“贡献”，这些污染并非关键因素。

在 2014 年和 2015 年，北京曾出现了著名的“APEC 蓝”和“阅兵蓝”。从行之有效的管控措施中，你可以看出一些端倪：一般机动车单双号限行、货车每天有18个小时不能进入六环以内、石化建材等企业停限产、全部施工工地停工。

从开始监测 $PM_{2.5}$ 至今，已经有两年多时间，那我们的数据能否支持判断？北京市环保局 2014 年 4 月 16 日对外宣布，经过一年半的研究，北京市全年 $PM_{2.5}$ 来源：机动车尾气 31.1%，燃煤 22.4%，工业生产 18.1%，扬尘 14.3%，餐饮、汽车修理、建筑涂装等排放占 14.1%。对实现“APEC 蓝”的空气保障效果，北京市环保局曾在 2014 年 12 月进行过总结，称 11 月在 APEC 限行的 10 天中，北京市 $PM_{2.5}$ 实际浓度为 43 微克 / 米^3，其中机动车管控贡献最大，其次是工地停工和工业企业停限产等。

自然资源保护协会 2014 年 10 月发布的一份报告称，中国的空气污染正在由传统的以二氧化硫和 PM_{10}（可吸入颗粒物）为主的煤烟型污染转变为以 $PM_{2.5}$ 和臭氧为主的复合型污染。中科院大气物理研究所的报告称，在 2011 年前，燃煤还是北京 $PM_{2.5}$ 的首要来源，在近两三年发生了显著变化，就是北京在控煤的同时机动车在大幅度增加，于是，机动车尾气成为最大污染源，其次是燃煤。

北京，有了自己的城市综合征。

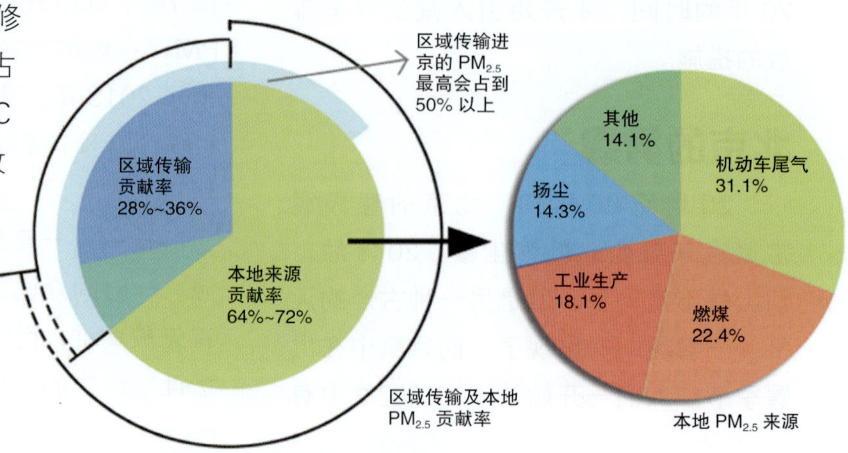

如何追踪健康杀手？

从伦敦、洛杉矶到北京，你可能发现了城市的工业发展、污染物来源和污染物的关系。有人也试图从国家总产值角度去观察空气质量指数，甚至预测一个国家的总体幸福指数。

以近年来广受关注的 $PM_{2.5}$ 为例。目前，人们可以肯定的是，$PM_{2.5}$ 是一类明显会对人类健康造成影响的颗粒物。世界卫生组织 2014 年的报告显示，每 8 位死亡者中，就有一位的死因与空气污染有关。空气污染已经是“世界上最大的单一环境健康风险”，其中 $PM_{2.5}$ 穿透人体防御的能力最强。

从全球角度来看，美国达尔豪斯大学根据卫星监测数据制作的 $PM_{2.5}$ 分布图可以帮助我们进一步了解 $PM_{2.5}$ 的情况（http://earthobservatory.nasa.gov/IOTD/view.php?id=86075&eocn=home&eoci=iotd_readmore）。1998 年到 2000 年以及 2010 年到 2012 年的卫星监测数据分布图同时说明了沙尘和海盐对 $PM_{2.5}$ 的贡献集中在撒哈拉沙漠和阿拉伯半岛，而这些区域外的 $PM_{2.5}$ 排放则与人为活动密切相关。

$PM_{2.5}$ 是一个根据颗粒物直径大小进行的分类。它的来源众多，目前研究者尚未能锁定具体颗粒物的类型。由于所占比例不小，科学家也一直在探讨沙尘颗粒对人类健康的影响，结果并不统一。一份 2012 年的报告显示，在撒哈拉沙漠沙尘爆发期间，相关联的 $PM_{2.5}$ 导致的死亡率并不显著，但是针对 PM_{10} 和 $PM_{2.5-10}$ 的较粗颗粒物，有数据称有关联，有数据称没有关联，因此对相关影响还要进一步研究。

“哪一种颗粒物最具毒害性，目前争议仍然很大，我们并不能确定是硫化物、硝酸盐，还是细微粉尘。”流行病学家阿尔丁·蒲伯（Arden Pope）

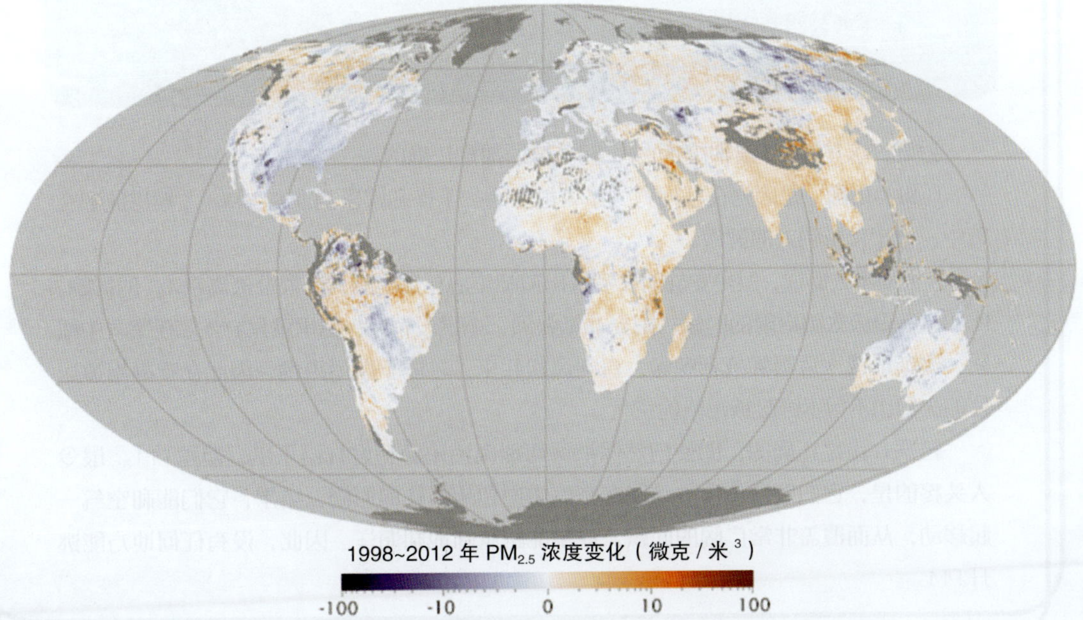

1998~2012 年 $PM_{2.5}$ 浓度变化（微克 / 米[3]）

说，但所列几种微粒物的来源都指向人类活动。这一部分 $PM_{2.5}$ 的分布又是什么状况？从 1998 年到 2012 年去掉沙尘和海盐影响的 $PM_{2.5}$ 分布变化图（http://earthobservatory.nasa.gov/blogs/earthmatters/2015/06/23/fine-particulate-maps-with-and-without-dust/）中，你会发现，北美和西欧地区的 $PM_{2.5}$ 排放在下降，与此同时，东亚和南亚的 $PM_{2.5}$ 排放在上升，这些地区人口增长、工业化进程正在进行。总体而言，全球的 $PM_{2.5}$ 排放在以平均每年 2.1% 的速度增长。

利用卫星图片，人们不仅可以观察到空气在全球范围的流动，同时还可以捕捉人类视觉以外的光。卫星监测追踪到的气态污染物爆发点在城市上空、发电厂、石油和天然气田，甚至是货运专线。当人们看到这些污染物在哪儿的时候，也更了解它们对健康的危害。

研究者希望通过卫星监测数据与地面测量数据的结合，解决更多 $PM_{2.5}$ 的问题，比如弄清全球各地因空气污染而受到健康危害的具体人数。借助卫星监测数据生成的分布图，流行病学研究人员能够着手探讨 $PM_{2.5}$ 因素对人类死亡和疾病的影响。但是，目前从分布图中并不能推论出全球各地区 $PM_{2.5}$ 的排放水平，一些不确定因素可能使某些地区的 $PM_{2.5}$ 估计值偏低 25% 左右，这就需要相对准确的地面监测数据作为补充。

小测验

$PM_{2.5}$ 的主要来源是化石燃料的燃烧，包括工业生产、火力发电和交通运输等。$PM_{2.5}$ 会给以下哪个地方带来威胁呢？

a. 安静的住宅区街道；

b. 大城市的中心地带；

c. 主要公路两侧 500 米之内；

d. 森林和遥远的自然保护区里的林中空地。

好吧，这是一个有陷阱的问题，四个选项都是正确的。

b 和 c 正确，是因为在任何有大量人群生活、工作和娱乐的地方，$PM_{2.5}$ 被排放到空气中，肯定会影响人的健康。

a 选项不太明显，但是安静的住宅区街道和生活在那里的人也很难逃离 $PM_{2.5}$ 的影响。比如，在夏天太阳直射的时候，阳光非常强烈，如果没有风，结果就是 $PM_{2.5}$ 在空气中积累，逐渐形成一片阴霾或者烟雾，直到风吹起来，才能驱散污染物，因此在安静街道居住的人们也不得不呼吸被污染的空气。

答案 d 也是正确的，即使自然保护区可能离污染源有好几百千米，但是 $PM_{2.5}$ 最令人头疼的是，它们以微小尺寸可以在空气中逗留相当长的时间。结果，它们能和空气一起移动，从而覆盖非常广阔的面积，甚至能跨越陆地和海洋。因此，没有任何地方能逃开 $PM_{2.5}$。

颗粒物分布与大小对比图

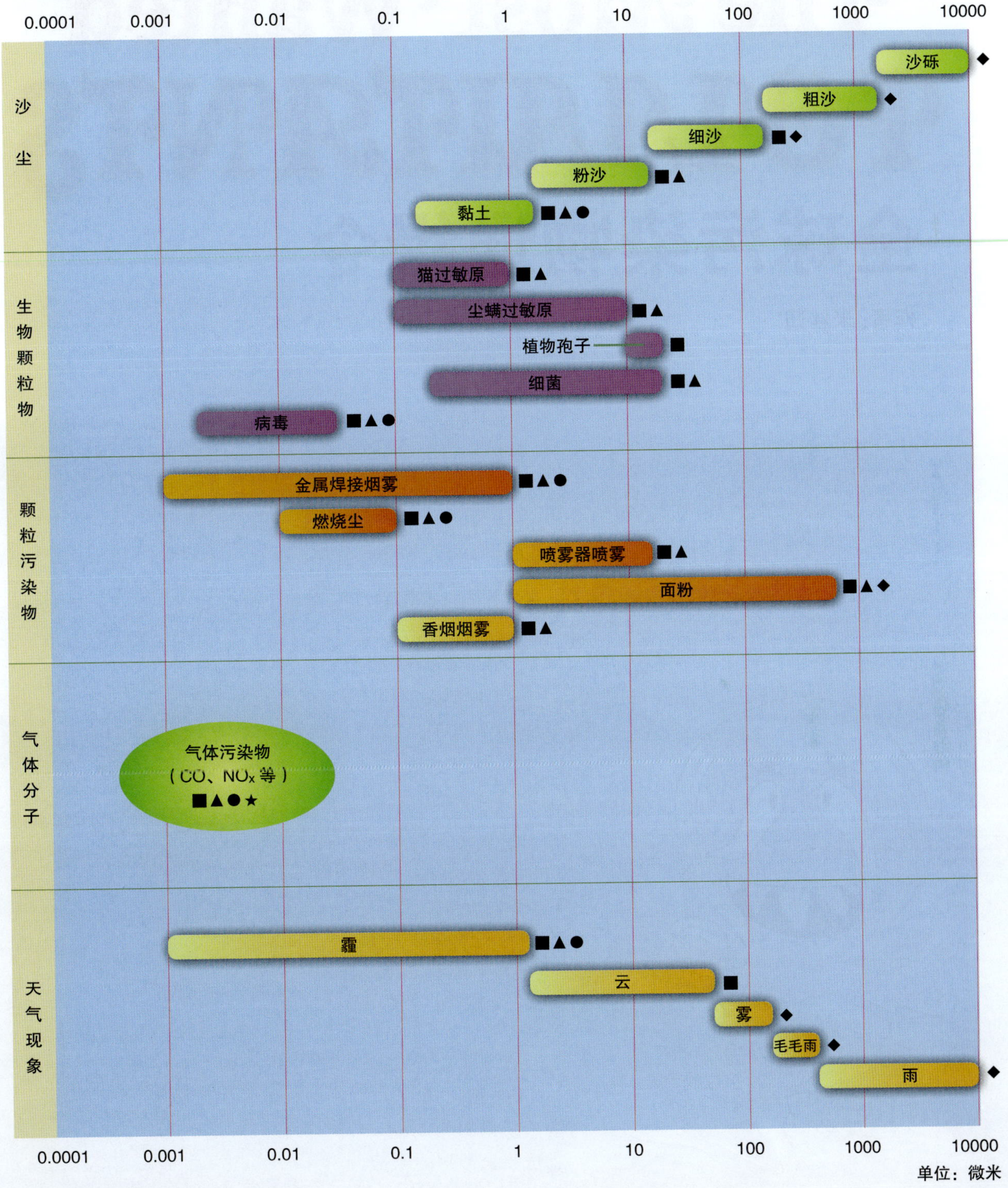

■ 可吸入尘粒 <100

▲ 可深入肺部尘粒 <10

◆ 肉眼可见颗粒 >50

● 超细颗粒 <0.1

★ 气体分子 <0.01

The Most Wanted POLLUTANTS
全球污染物通缉令

作者：米丝迪

氮氧化物（NO_x）

特征： 除了二氧化氮是红褐色气体外，大部分的氮氧化物“隐形”于空气中。

行踪： 由燃料燃烧和化学工业生产产生，比如电气设施、机动车辆运转等。

健康危害：

●氮氧化物刺激人体肺部，吸入者会出现胸闷、咳嗽等呼吸系统症状，像哮喘等呼吸系统疾病的患者会加重病情。

●长期吸入氮氧化物会导致肺部构造改变。

●氮氧化物会与人体内的物质发生化学反应，形成有毒的化学物质，包括那些能诱发基因突变的物质。

环境影响：

●氮氧化物与空气中的水相遇生成硝酸和硝酸盐。硝酸是酸雨的成因之一。酸雨会对植物和农作物以及建筑物造成不良影响。

●氮氧化物与其他污染物在一定条件下会形成光化学烟雾。光化学烟雾会导致大气能见度（在一定距离下，物体被正常视力看到的清晰程度）降低。

悬浮颗粒

英文名PM，又名烟尘、粉尘。另有常见概念，如可吸入颗粒物（PM_{10}，表面直径≤10微米），细颗粒物（$PM_{2.5}$，表面直径≤2.5微米）。

特征： 大部分为固体形式，因形成和来源的不同有很大的差异。

行踪： 工厂和建筑工地排放的粉尘、化石燃料燃烧的烟尘、机动车辆排放的尾气中的颗粒物等。

健康危害：

- 可使呼吸道防御机能受到破坏，引发慢性支气管炎、肺气肿、支气管哮喘等呼吸系统疾病。
- 大气中的颗粒物越小，越容易附着到肺部甚至其他器官，从而导致器官畸形甚至发生癌变。

环境影响：

- 造成雾霾。
- 加重酸雨问题，损害石碑和建筑物。

臭氧（O_3）

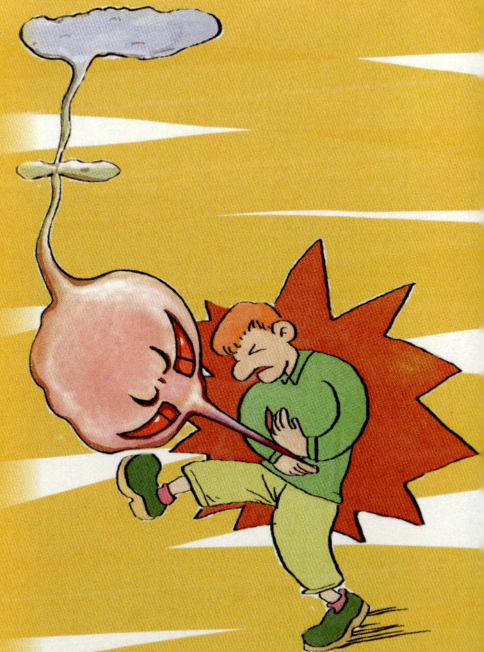

特征： 臭氧绝对是把双刃剑。如果一直待在高层大气中倒还好，一旦停留在地面附近，那绝对是危险分子。

行踪： 汽车排放的氮氧化物和挥发性有机化合物（VOC），在阳光辐射下会产生臭氧。涂料等物质中的VOC散发到大气中时，它们与大气中的氧在日光下发生反应，也会形成臭氧。

健康危害：

- 地面附近的臭氧会刺激人体黏膜，引发眼、鼻和咽喉不适，导致呼吸困难、咳嗽和哮喘，更甚者损害肺部健康。
- 地面附近的臭氧会破坏人类皮肤，导致皮肤起皱，出现黑斑。
- 地面附近的臭氧会破坏人体免疫系统，诱发淋巴细胞染色体病变，致使胎儿畸形。
- 地面附近的臭氧会引发器官癌变。

环境影响：

- 地面附近的臭氧会带来烟雾和雾霾天气，降低大气能见度。
- 地面附近的臭氧的腐蚀性会损害生态系统。

铅

特征： 早在 7000 年前人类就认识铅了。铅是一种蓝白色的重金属，它分布广，柔软性强，易加工。

行踪： 电池制造业、垃圾焚化、钢铁生产、化石燃料的燃烧和提炼。

健康危害：

- 损害人类大脑、神经以及肾脏、肝脏等器官。
- 儿童和孕妇最易遭受铅中毒。

环境影响：

- 渗入土壤或水，侵害鱼类等生物。

备注：1996 年起，美国全面禁止含铅汽油的销售。1998 年，中国发布限期停止含铅汽油的生产和销售的通知。2011 年，联合国环境规划署的报告显示，含铅汽油在大部分国家已逐步被淘汰。如今，空气中的铅含量已经逐步降低，不过仍有国家使用含铅汽油，引发空气质量问题。

一氧化碳（CO）

特征： 无色、无味、无刺激性，但有毒。

行踪： 在冶金、化学、石墨电极制造过程中，以及家用煤气或煤炉、汽车尾气中均有一氧化碳存在。

健康危害：

- 由于一氧化碳不溶于水，也不易和空气中的其他物质发生化学反应，所以它能够在大气中停留 2~3 年之久。如局部污染严重，这种无色、无味、无刺激的有毒气体就会默默地侵害人体健康。
- 加重心脏疾病和其他心血管疾病。
- 损害中枢神经系统。
- 一氧化碳能与血液中的血红蛋白结合，使人体因缺氧而致命。

二氧化硫（SO_2）

特征： 有刺激性气味的无色气体。

行踪： 来自含有硫化物的煤、石油等燃料。火山爆发也会喷出二氧化硫。

健康危害：

- 诱发和加重支气管炎、心脏病、结膜炎等疾病，甚至致癌。
- 降低青少年的免疫力和抵抗力。

环境影响：

- 引起酸雨，危害植物和土壤 。
- 破坏建筑物和历史古迹。
- 形成降低大气能见度的颗粒。

挥发性有机化合物（VOC）

特征： 在室温下可以由固态和液态变为气态，种类繁多，有明显的气味。

行踪： 自然界大部分 VOC 由植物产生，其余是动物和微生物的产物。工业、建筑涂料是人为 VOC 的重要来源，包括脂族烃类、乙酸乙酯、乙二醇醚、丙酮等，还有清洁产品和制冷剂中广泛使用氯氟烃和氯烃。来自香烟、汽车尾气、石油燃料燃烧等。还包括生产塑料制品过程中生成的苯，在喷漆、黏胶去除剂中的二氯甲烷，干洗过的衣服上的四氯乙烯，办公室、家庭装修中产生的甲苯、甲醛等。

健康危害：

- VOC 中的甲醛会刺激人的呼吸道，损害肺部。吸入较少时，会引起头痛、恶心、乏力等，严重时会损伤脏器、大脑和神经。
- VOC 中的苯本身是有毒的，可能会引起癌症。

环境影响：

- 会带来烟雾和雾霾天气，降低大气能见度。
- 会形成温室效应，导致全球变暖。

有害空气污染物（HAPs）

团伙成员：

●汞：俗称水银，食用被汞污染的饮用水和鱼类会破坏中枢神经系统。1956 年，日本水俣湾居民因为饮用了含汞的工业废水，中枢神经和末梢神经遭破坏，出现浑身抽搐、麻痹、肢体变形等症状，这种疾病称为“水俣病”。

●二噁英：毒性大，有“世纪之毒”之称。可导致癌症、出生缺陷、免疫系统问题等。有研究证明，二噁英还会加剧儿童自闭症倾向。

●二氯甲烷：无色液体，有芳香气味。这种溶剂会损害人体的中枢神经系统和呼吸系统，还会引起其他健康问题。

●四氯乙烯：无色液体，带有刺激性的、甜甜的气味。用于干洗和给金属除油污，会损害人体的肾脏、肝脏和神经系统。

行踪：不同的化合物有不同的来源。许多有害空气污染物不只停留在空气中，还能渗入土壤和水。

健康危害：

●这一组化学物质会诱发癌症、中枢神经系统损伤、免疫系统紊乱、呼吸疾病、生育问题等，给人类健康带来极大的威胁。

●人类误吸、误食或接触被它们污染的食物、水、土壤、尘埃等，就会受到伤害。

●它们还会毒害植物和动物。

How PM2.5 Breaks Your Immunity Defense

$PM_{2.5}$ 的人体之旅

作者：哈里·莱文（Harry Levine）
译者：梁素维 张楠楠

大部分源于自然界的微粒（比如花粉、植物孢子、粉土和细沙）相对来说比较大，其大小大概相当于头发丝的直径（10~100 微米），它们叫作 PM_{10}~PM_{100}。它们进入空气时，有的迅速沉淀下来，有的聚集成更大的颗粒物，不过，它们当中有 80% 会进入人体的呼吸道。

在大自然的沙砾面前，人类进化出了能阻止较大颗粒进入肺部和血液的机制。不过这对直径小于 2.5 微米的细颗粒物（$PM_{2.5}$）就没那么有效了，20% 的 $PM_{2.5}$ 会沉积在肺部。这些和细菌或者病毒差不多大小的微粒通常是在燃烧或者其他人类活动中产生的，比如二手烟以及汽车尾气，其中柴油引擎产生的微粒最多。

$PM_{1.0}$（直径 1 微米）是超细粒子，大部分是燃料在高温燃烧过程中产生的，一般集中在柴油驱动车密集的高速公路附近。人们正在评估它对人体健康的影响，以此作为设定有效管理规则的参数。让我们来看看这些颗粒物是如何进入人体的。

鼻喉呼吸道

人在呼吸时，直径小于 10 微米的粒子可以越过鼻毛进入鼻腔。鼻神经后面负责嗅觉的区域直接暴露在微粒中，一些微粒会被神经细胞吸入，然后通过轴突进入大脑。一些研究表明，吸入含高浓度 $PM_{2.5}$ 的空气，与医院里敏感人群以及缺血性中风死亡人群的增加有关。当血管中产生的血块阻碍含氧血流向大脑时，大脑就会因短暂缺血引起中风。

空气中的 $PM_{2.5\sim10}$ 微粒在一天之内就会沉淀下来，而环境中的 $PM_{2.5}$ 和更小的微粒可以在空气中悬浮一年，它们对人体的危害也因此格外大。幸运的是，人体已经产生了一种可以阻止这些中等大小的微粒进入血液的保护机制。当异物刺激鼻子时，人往往会打喷嚏，异物也随之被排出。此外，在鼻腔内膜、气管、支气管表面，覆盖着一层黏液，它可以捕获 PM_{10} 以及不能被咳出或随喷嚏排出的更大颗粒（见第 15 页图）。上呼吸道表面的黏膜层上还有一层纤毛细胞，上面长有一层像毛发一样的东西，叫作“纤毛”，它们就像电动扶梯一样，

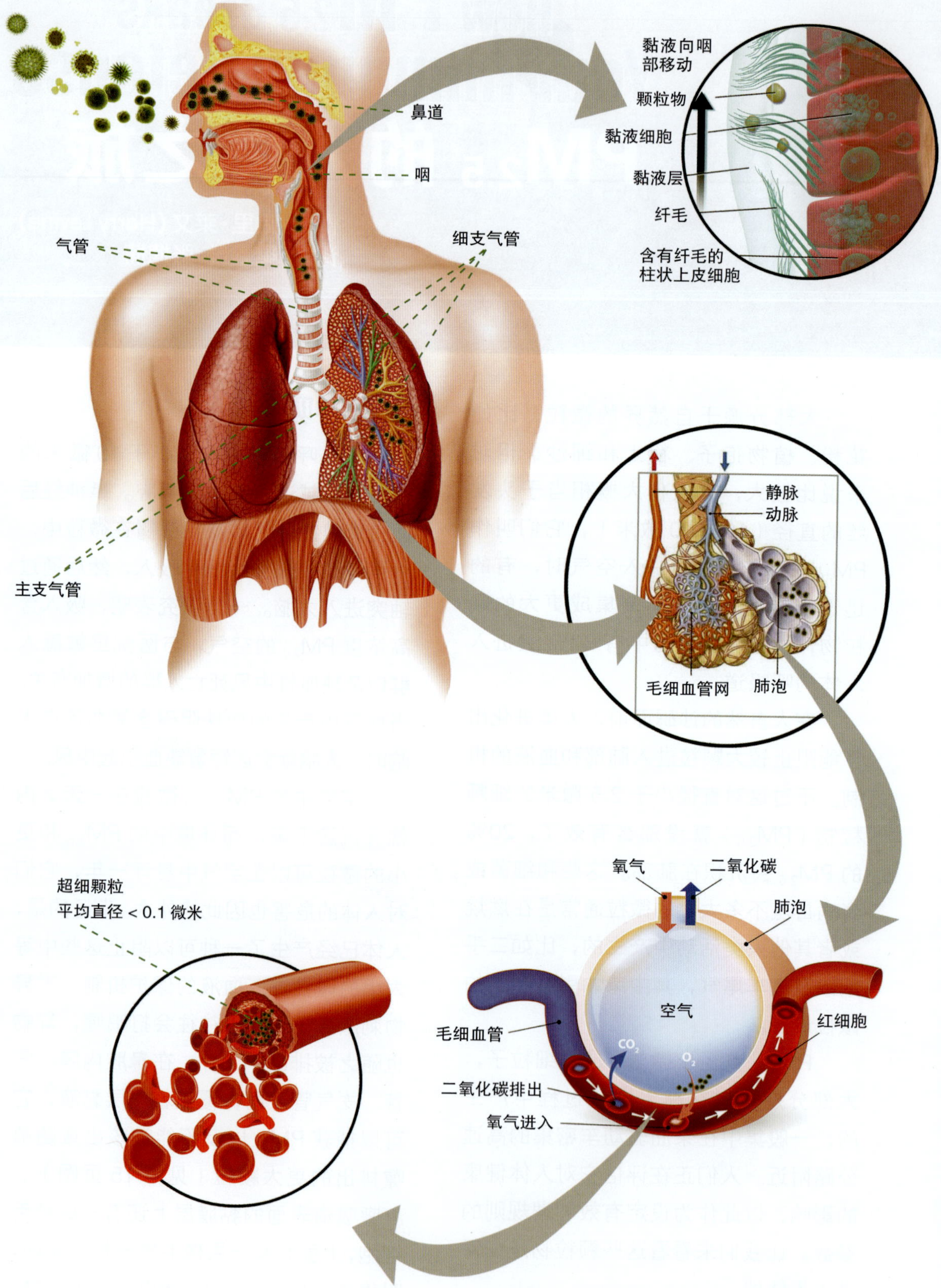

空气中的颗粒物是怎么进入人体器官的

可以在 24~48 小时内将黏液沿着呼吸道不断扫向口腔，而被黏附在黏液中的颗粒物就会随着人的吞咽过程进入消化道。

消化道是消化食物和吸收营养物质的地方。有毒颗粒物进入了消化道，听起来似乎很危险，不过，消化道却有办法对付它们。这些颗粒物要想从消化道进入血液，需要穿过层层屏障。第一道屏障就是胃酸，它能让许多毒素失活。在胃酸中幸存的毒素接着进入肠道。肠道有自己的细胞屏障，它能阻挡有毒物质。肠道屏障由许多层膜构成，它们可以阻止非营养物质进入血液。最终，这些颗粒物混入粪便被排出体外。

气管、支气管呼吸道

上述防线抵御了比 $PM_{2.5}$ 大的颗粒的攻击，而 $PM_{2.5}$ 以及更小的颗粒物——包括细菌和病毒。它们可以抵挡鼻腔黏液的捕获，通过主支气管和细支气管进入肺部，最终抵达肺泡。肺泡是一些薄壁细胞，气体通过它们实现交换，血液流经肺部毛细血管时吸收氧气并释放二氧化碳。肺泡内部裹着肥皂泡状的液体，它可以捕获并且分解颗粒物。在肺的深处没有可以阻挡颗粒物的纤毛或黏液，只有一层薄薄的肺泡壁，然后是血管壁。颗粒物中溶解出的毒素能穿过这层肺泡壁以及一层单细胞厚度的毛细血管壁，进入血液，然后血液会带着毒素进入重要器官，比如心脏。

巨噬细胞

巨噬细胞是一种白细胞，它可以移除肺部、肝脏、脾脏等器官的死细胞、坏死碎片、尘埃及病原体，还能释放一种细胞信号，激活其他免疫细胞，对病原体做出反应。

空气污染引起的死亡

室外	室内
40% 缺血性心脏病	34% 中风
40% 中风	26% 缺血性心脏病
11% 慢性阻塞性肺病	22% 慢性阻塞性肺病
6% 肺癌	12% 儿童急性下呼吸道感染
3% 儿童急性下呼吸道感染	6% 肺癌

对健康的影响

$PM_{2.5}$ 和 $PM_{1.0}$ 还可以随着口腔呼吸进入肺的深处，因为它们可以逃避鼻腔中的黏液，尤其是儿童和老年人深受其害。儿童对颗粒物高度敏感，这是因为他们的肺部仍在发育，防御机制尚未完善。他们越多地进行运动，就会吸入越多的空气污染物。吸入肺部的颗粒物可以在身体内停留一年甚至更长时间，其中石棉纤维不能被降解，会永远留在身体内，可能会导致细胞损伤或者癌症。还有一种颗粒物能引起巨噬细胞的注意，巨噬细胞会吞掉颗粒物并试图降解它们，代价是巨噬细胞的死亡。于是体内没有足够的巨噬细胞处理进入肺部的微生物，肺部防御能力降低，肺部炎症发生概率增加，肺组织可能会损伤，这将带来许多健康问题，比如增强过敏反应等。

THE $PM_{2.5}$ GANG & DISEASES

“流氓团伙” $PM_{2.5}$ 和疾病

作者：丹·里施（Dan Rish）凯西
译者：梁素维

在阅读这篇文章之前，请先找到一根吸管，然后通过吸管呼吸。别作弊，只通过吸管呼吸。你能通过吸管得到足够的空气，但是如果你一直通过吸管呼吸，会不会感到很不舒服？现在，把吸管的一小段捏扁，继续只通过吸管呼吸。

对很多人来说，深吸一口气就像是在通过吸管吸气。细颗粒物（$PM_{2.5}$）导致的空气污染，会让呼吸过程出现问题。

细颗粒物是造成空气污染的元凶。来看看

它们的犯罪记录：在美国，大约每 68 个儿童中就有一个患有自闭症。其中，男孩的情况要严重些，大约每 42 个男孩里就有一个患有自闭症。自闭症谱系障碍会损害儿童与他人互动沟通的能力，患者会有高频率的重复行为和举动，并且很难在学校或者其他环境中和他人正常相处。

2014 年 12 月，研究者宣布，他们发现吸入细颗粒物和孩童自闭症之间有密切的关系。在宣布这些发现的时候，高级研究员马克·韦斯科夫（Marc Weisskopf）说："我们的数据有力地支持了这个假设——孕妇暴露在污染的空气中，会增加婴儿患自闭症谱系障碍的风险。"

但是细颗粒物带来的自闭症的危害不止是在美国。英国剑桥大学、中国残疾人联合会和香港中文大学也在共同研究自闭症在中国的患病率。他们认为，自闭症在中国乡村地区的患病率被低估了，并且猜测中国儿童的自闭症患病率应该和美国差不多。这意味着大约有 1400 万的中国公民患自闭症，但并未得到诊断和治疗。

在刚才的测试完成时，你有没有感到比平常要焦虑？这可能就是细颗粒物干的好事儿。

还有研究者发现，生活在有大量汽车尾气排放的区域和极其焦虑的感受之间有一定的相关性。研究者猜测，吸入细颗粒物会诱发或者加重焦虑感。研究者认为，焦虑源于"氧化压力"。当身体不能摆脱血液中化学反应产生的有害副产品时，就会出现氧化压力。

研究者也在进一步考察以细颗粒物为首的空气污染物对人体是否造成基因层面的影响。

尽管细颗粒物在全球猖狂犯罪，但是科学警察在逐渐包围它们。2015 年初，美国斯坦福大学的工程师公布了一个空气过滤器的过滤内容。这个过滤器能让空气和光进去，然后捕捉其中的细颗粒物。它能捕获 98.69% 的细颗粒物。

有研究指出：长期吸入 $PM_{2.5}$ 污染的空气，会导致人体呼吸系统和其他器官系统及组织结构的损害。

Pope 等对美国癌症协会进行的一项队列研究分析表明，在 1982~1998 年，$PM_{2.5}$ 每增加 10 微克/米^3，全死因死亡率、心肺疾病死亡率和癌症死亡率分别升高 4%、6% 和 8%。生活在污染严重的城市，患肺癌的风险比清洁城市高 10%~15%。

对美国大波士顿地区、芬兰赫尔辛基和中国北京的研究表明，$PM_{2.5}$ 对心血管疾病的发病、急诊率和死亡率也有显著影响，可使心肌缺血而导致心血管疾病，包括心血管系统的动脉粥样硬化、心律失常和缺血性疾病。

LEAD IN THE AIR

铅的阴霾

作者：冯迪 凯西

铅，原子序号 82，是质量最大的稳定元素。是一种柔软、延展性强的贫金属，有毒

铅是现代大气的主要污染物之一。地壳中存有这种少量的青灰色金属，但是在我们生活环境中活跃的铅都来自人类活动。

人类文明与铅的联系已有千年，铅的历史像一部漫长且丰富的中毒史。1965 年，吉尔费伦在《铅中毒与罗马的陨落》中表示，铅中毒是古罗马帝国衰落的重要原因之一。经过勘测，铅渗透在古罗马帝国的各个角落。他们用铅建造供水系统，将铅用作食品添加剂，还用作妇女的美容品和军粮的防腐剂。

铅有毒。在 19 世纪，由于罐头食品以焊铅封口，英国北极探险船队的全体人员因铅中毒而死亡。人体内的铅含量过高时，就会不可逆转地损害大脑和中枢神经系统。目前已经查明，高血铅组儿童的总智商、操作智商、语言智商分别比低血铅组儿童低 14 分、14 分和 13 分，而血液中的铅浓度每上升 100 微克 / 升，儿童的身高降低 1.3 厘米。

铅对人体的危害

与铅过度接触会引起很多病症，如失明、失眠、肾衰竭、失聪、癌症、瘫痪和抽搐等。病症急性发作时，患者会突然产生恐怖的幻觉，令患者和旁人措手不及。儿童铅中毒会出现智力发育障碍、注意力不集中、多动、行为异常等症状，严重者还可能导致终身残疾。

铅如何进入大气？

铅很容易进入水中，污染饮用水源和其流经的土壤。

那么铅是怎么进入大气的呢？沙尘中可能含有铅，烟雾中也有。

进入 20 世纪，铅的危害最大化爆发源自将四乙基铅加入汽油。早期的汽油极易燃烧，常在气缸中自燃，并产生强冲击波，使发动机震动、发响。于是，汽车工业者极力寻找抗汽油爆震的物质。

就在人们受汽油爆震困扰的时候，美国化学家小托马斯·米基利（Thomas Midgley Jr.）发现了一种优良的汽油抗爆剂——四乙基铅。他把四乙基铅加入汽油后，发动机竟然不爆缸了。说到小托马斯·米基利，他一生中最有名的发明就是四乙基铅和氟利昂，而这两种物质恰恰是对大气环境破坏最大的。米基利本人也被称为“地球历史上对大气影响最大的个体生物”。

四乙基铅是无色油状液体，略具苹果香味，沸点低，极易挥发。汽油中加入四乙基铅后，不仅提高了汽油的抗爆指数，还降低了生产成本。人们就是看中了四乙基铅的这些特点而大量生产四乙基铅汽油的。1923 年，美国的四乙基铅汽油公司将四乙基铅推向市场。很快，美国街头的汽车都用上了四乙基铅汽油，四乙基铅在全球开始热销。

四乙基铅为剧毒物质，其毒性为金属铅的 100 倍。四乙基铅与过氧化物反应生成氧化铅。氧化铅对人体的危害主要是损害骨髓造血功能，可引起贫血、末梢神经炎及脑损伤，尤其是对儿童发育影响较大，会使儿童出现大脑麻痹、

美国 20 世纪中叶的老式加油站，加油柱上面都有汽油含铅的明显标志

四乙基铅的危害

四乙基铅的轻度中毒症状为易兴奋、急躁、易怒、焦虑不安和病症型类神经症；重度中毒症状为躁动不安、精神错乱，出现幻觉、妄想、谵妄、人格改变甚至暴力行为等精神运动性兴奋表现。

位于汽车车底，介于引擎和消音器中间段的这个扁盒子，是汽车排气消毒站（Credit: UC Davis ChemWiki）

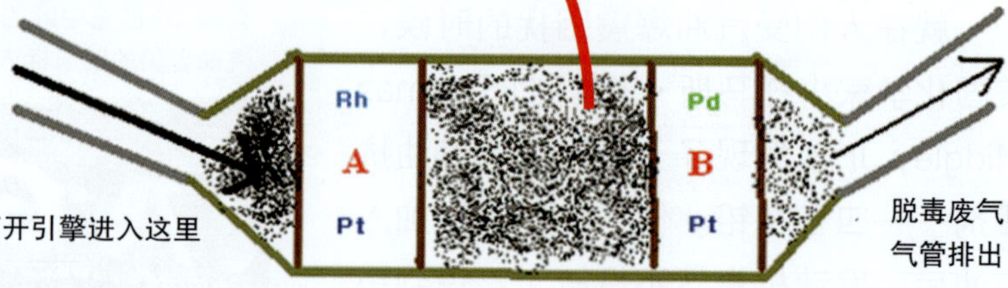

精神迟钝、慢性肾炎等症状，严重者会中毒身亡。

尾气净化的克星

虽然四乙基铅有抗爆作用，但其所含的铅是“催化剂克星”。汽车尾气是汽车燃料在发动机内燃烧后产生的废气，尾气中包含有不完全燃烧生成的一氧化碳、酮以及一些未燃烧的碳氢化合物、多环芳烃等，同时还有燃烧副产物，如氮氧化物、氧化硫等。

法国人尤金·赫德莱（Eugene Houdry）1930年移居美国，当时正值洛杉矶光化学烟雾事件，他注意到烟囱排放物和汽车尾气的问题，因此成立了公司，开始研发催化转化器。催化转化器的原理很简单，就是利用氧化还原反应处理掉部分汽车尾气中的污染物。

赫德莱的汽车尾气催化转化器一开始并没有得到有效推广，当时汽油基本都添加了四乙基铅，铅能包裹住转化器中的铂、钯、铑等贵金属催化剂，当汽油含铅量超过0.013克/升时，催化剂就会失效，这样排放出的尾气仍然有毒。

直到四乙基铅的禁令出台，汽车尾气催化转化器才被广泛使用，很多公司也都相继投入到此类产品的研发和制作中。如今，催化转化器已经成为很多国家要求的汽车标准配置。

科学家的证明

美国地质学家和地球化学家克莱尔·帕特森（Clair Patterson）的研究让人类开始真正反思铅对大气和人体的影响，并最终付诸行动。帕特森也因此被称为“20世纪影响最大的地质学家”。

帕特森在芝加哥读博士的时候，开始接触用铅的同位素的含量来测量地质年代的方法。他通过测定一块陨石中铅的同位素含量，计算出地球的年龄为45.5亿年。这是一个相当准确的数字。

帕特森当时已经能从普通岩石中隔离出铅的微克级含量，并判断出它的同位素组成。具备这项技能后，他开始研究大西洋和太平洋中的沉积物样本。他发现，不同年代的地层中铅的含量不同，而人为因素造成的铅污染已经是自然过程的80倍，铅的地球化学循环失衡了。

帕特森发现，大气里铅含量的90%来自四乙基铅汽油。为了证实他的推论，他研究了1923年的冰核，因为那一年正是四乙基铅汽油的诞生年。研究发现，1923年之前的大气含铅量很少，自从四乙基铅汽油诞生后，大气含铅量不断攀升。帕特森余生便致力于与铅污染的斗争，最重要的是与四乙基铅生产背后的化学工业巨头的斗争。

1972年，美国环保总署发出通知，试图取消汽油中的四乙基铅，遭到美国化工企业埃塞尔公司起诉。

1975年，美国开始授权无铅汽油使用，以保护汽车配备的催化转化器。

1980年，美国国家科学院报告称，含铅汽油是自然界铅污染的最大来源。美国环保总署随后的报告称，1976年到1980年，由于含铅汽油使用量下降50%，美国国内人口血液中的铅含量也下降了37%。

美国1996年后全面禁止生产、使用含铅汽油；日本在1987年后，普通和优级汽油产品已全部实现无铅化；2000年，欧盟成员国也全面禁止使用含铅汽油；中国在2000年7月停止使用含铅汽油。

虽然如今在很多国家已经很难找到含铅汽油，但几十年来地球环境中积累下的铅仍然危害人类。许多化学品在环境中滞留一段时间后可以降解为无害物质，但是铅无法降解，它排入环境后很长时间里仍然保持其稳定性。由于铅在环境中长期稳定，又对许多生命体具有较强的潜在毒性，因此一直被列入强污染物范围。

如果铅与大气中的颗粒物混合，就会被风从城市输送到郊区，从一个省输送到另一个省，甚至到国外，影响其他地区，成为世界公害。据统计，从1923年起，大约有700万吨的含铅汽油形成的铅化合物仍然存在于美国的土壤、空气、水和生物的尸体上，潜藏在各个地方，“阴魂不散”。

Damage to the Earth's Umbrella

谁戳穿了地球的保护伞？

作者：斐拉

臭氧和氧气是“同胞兄弟”，氧气分子（O_2）和臭氧分子（O_3）是同素异形体。臭氧不稳定，在常温下能够慢慢分解，所以它在低层大气中的含量很低。90% 的臭氧集中在离地面 25 千米的高层大气中，形成臭氧层。如果臭氧大量存在于低空，容易刺激人体黏膜，对人类有害，但是高空中的臭氧却是非常重要的。

用“保护伞”来比喻臭氧层是再合适不过的了。臭氧层能够吸收太阳光中大部分 B 波段的紫外线（UV-B）和全部 C 波段的紫外线（UV-C），确保地球上的生物免遭短波紫外线的伤害。

此外，臭氧层还仿佛是一个巨大的盖子，将吸收的太阳光中的紫外线转化为热能，加热大气，起到保温作用，使地球避免了长期处于极低温状态。如果臭氧层被破坏，紫外线就会破坏包括脱氧核糖核酸（DNA）在内的生物分子，那样人类罹患皮肤癌、白内障的概率就会增加。

1985 年，人类不想见到的事情发生了。这一年，英国南极勘测局的科学家观测到南极上空臭氧层出现了臭氧空洞，臭氧空洞的面积足以覆盖整个欧洲大陆。这一消息发布后，引起了各国政府的关注，但这种恶化并没有得到有效控制。2011 年，多国研究人员发现，北极上空首次出现了类似南极上空的臭氧空洞，面积最大时相当于 5 个德国。

据科学家考证，导致臭氧层出现空洞的原因之一，是一种叫“氟利昂”的物质。氟利昂是冰箱和空调里的制冷

剂，其重要性就好比是这一类制冷电器的血液。人类万万没想到，能够带给我们清凉的电器竟然是戳穿了地球保护伞的罪魁祸首。

氟利昂是热量的“搬运工”，它是一种既容易汽化又容易液化的物质。汽化时它吸热，能够将热量带走，所以可以用来制冷。

大家都打过针吧？打针时，护士用酒精棉球擦拭我们的皮肤，我们马上就会感觉到被擦的地方好凉爽。可以说，这是世界上最简单的“空调”，原理是酒精蒸发时带走了皮肤上的热量。由此可以得出一个结论——蒸发能制冷。

我们常用的空调、冰箱的制冷原理，其实是氟利昂在贯穿于机器内外的循环系统中不断地液化、汽化，即不断地放热和吸热。

我们以空调为例来说明氟利昂的制冷原理。空调中的压缩机先将常温的气态氟利昂压缩为高温高压的气态氟利昂，再将高温高压的气态氟利昂送到冷凝器（连接有散热片的室外机中的管道）中，散热后成为中温中压的液态氟利昂。液态氟利昂经毛细管，进入较粗的蒸发器管道（在室内机中），由于空间突然增大，压力减小，液态的氟利昂就会汽化，吸收大量的热量，蒸发器就会变冷，室内机的风扇将室内的空气从蒸发器中吹出，室内机吹出来的就是冷风。气态的氟利昂回到压缩机继续压缩，如此循环，室内机就可以持续吹出冷风。

但在这种制冷的循环流动中，气体的强渗透性、空调老化或制冷管道的连接不密封，还有废弃的冰箱和空调的管道破裂等，都会导致氟利昂泄漏。当气态的氟利昂排放到大气中时，由于密度较小，它会上升到高层的大气中。在一定的气象条件下，氟利昂会被强烈的紫外线分解，释放出氯原子，氯原子通过化学作用消耗臭氧。一个氯原子会和一个臭氧分子作用，夺取其中的一个氧原子，形成一氧化氯（ClO），臭氧分子变为氧气分子，而一氧化氯会进一步和另外一个臭氧分子作用，产生两个氧气分子并还原地球大气从距离地面9~12千米（在热带地区是16~17千米）开始属于平流层，平流层是由来自上方的热源加热的（主要是氧气和臭氧吸收的太阳紫外线）。因此，在平流层中，温度是随着高度的增加而升高的。臭氧层就是在平流层中。

臭氧组成的"毯子"——臭氧层，可以保护地球免遭太阳紫外线辐射带来的危害。一些被人类释放进入大气的化学物质会消耗这个有保护作用的臭氧层，相应地就会导致生物受伤害，对生态系统造成破坏，并诱发人类罹患皮肤癌、白内障等。

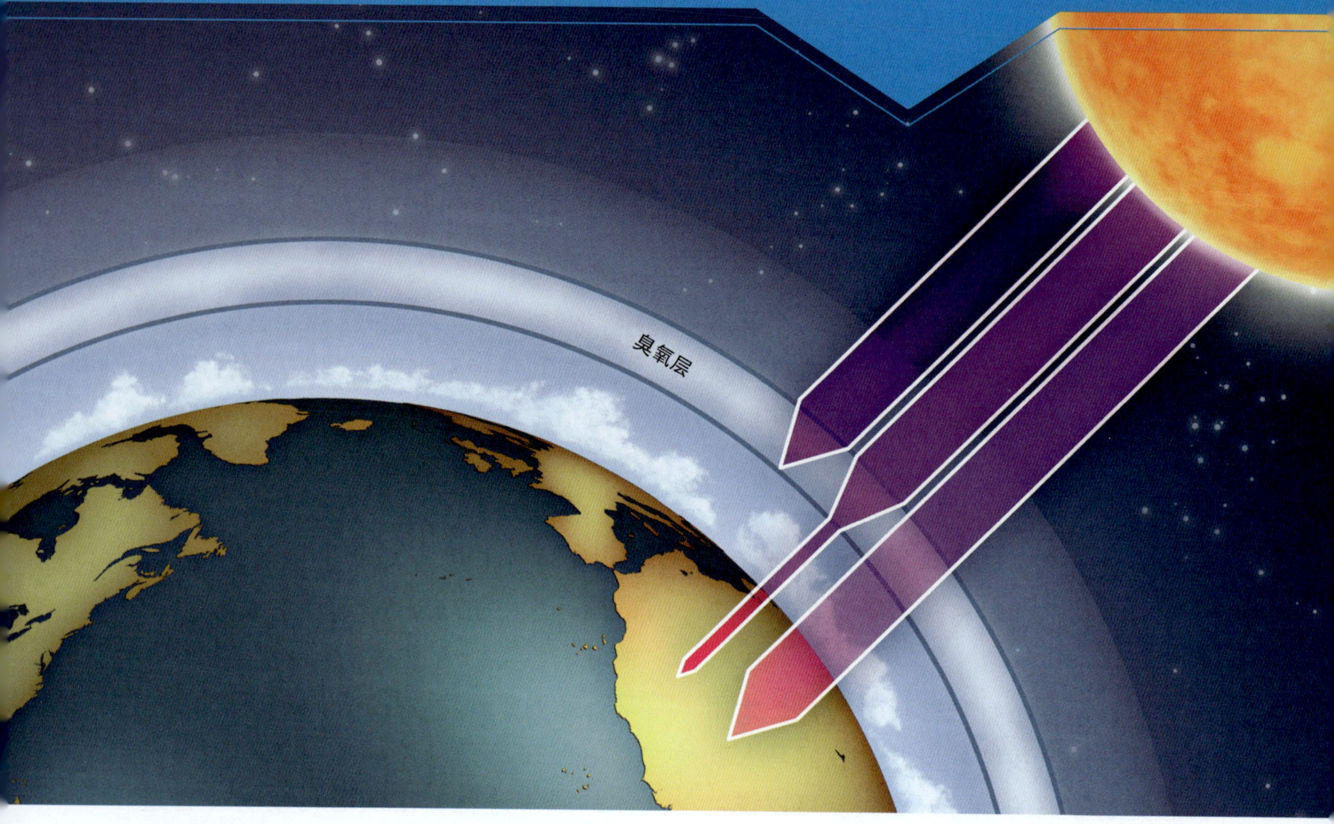

成氯原子，还原出来的氯原子又继续和臭氧作用。分子反应式如下：

$Cl + O_3 \rightarrow ClO + O_2$

$ClO + O_3 \rightarrow Cl + 2\,O_2$

如此周而复始。科学家估计，一个氟利昂的氯原子可以破坏数万个臭氧分子，即 1 千克氟利昂可以捕捉消耗约 70 吨的臭氧。

由于氟利昂对臭氧层的破坏极其严重，因而被禁止使用。在氟利昂退出市场的同时，新的替代技术早已扎根市场多年。现在的环保冰箱制冷剂为无氟环保制冷剂 R600a，即异丁烷。科研人员仍然没有放弃开发新的环保制冷技术。

科学家开始运用"热声效应"来制作动力机械，他们研发的热声制冷机革除了利用化学物质制冷而污染环境的弊端。热声制冷的最大特点是运动部件少，它是通过声波将热从低温输送到高温的泵热过程，具有结构简单、寿命长等优点，顺应了当前绿色环保制冷的趋势。

Measurement of Ozone

如何检测环境中的臭氧？

作者: 琼·拉塞尔(Joan Russell)　凯西
译者: 乐译

需要的材料：

★ 1 个水杯（约 200 毫升）　★饮用纯净水　★ 1 只塑料喷雾瓶
★ 1 个小锅　★ 1 支木匙　★玉米淀粉
★碘化钾　★ 1 把刷子　★ 1 块硬纸板或塑料板
★ 1 本笔记本　★ 1 包普通滤纸（吸附淀粉溶液）

实验步骤：

1. 用水杯量 4 杯水，倒入锅里。再加入两匙玉米淀粉，搅拌均匀。在电磁炉或煤气灶上用中高温加热淀粉溶液，边加热边用木匙搅拌均匀。待淀粉糊变黏稠，停止加热。加入半匙碘化钾，搅拌均匀。

2. 取一张滤纸，将制备好的淀粉混合物用刷子涂在滤纸的两面，放在硬纸板或塑料板上，于阴凉处晾干。按照同样的方法，制备 5~6 张表面涂有淀粉混合物的滤纸，这些滤纸就是用来检测臭氧含量的试纸。（注意不要将试纸直接暴露在阳光下，做完这些一定要洗手。）

3. 将这些制备好的臭氧试纸剪成细条，并在每个细条上打上小孔。将这些细条悬挂在需要检测的不同地点，比如室内的炉灶旁、冰箱附近，或者室外大树上、花园里以及垃圾桶上，分别做上标记。用盛满水的塑料喷雾瓶将这些细条喷湿，静置 8 小时或者更长的时间。（注意不要将滤纸细条悬挂在有阳光直射的地方。）

4. 取回所有细条，用喷雾瓶喷湿，观察这些细条的颜色变化。将你观察到的现象记录在笔记本上，分别用“几乎没有变化”“淡紫色”和“蓝色”或“深紫色”来描述试纸的颜色变化。

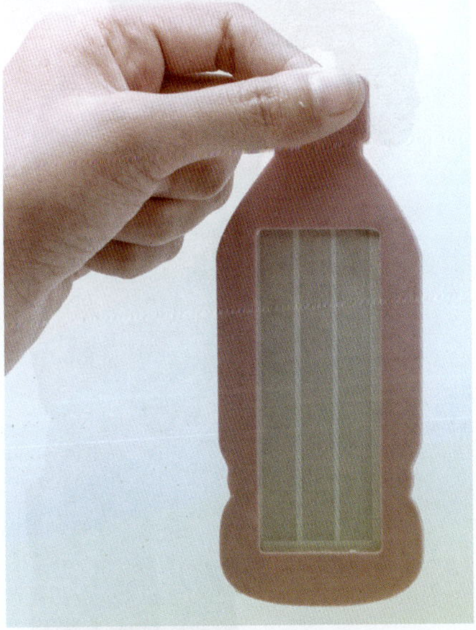

试纸为什么会变色？

将试纸喷湿后，碘化钾以溶液的形式存在于试纸中。空气中的臭氧可以与溶液中的碘化钾发生反应，得到碘，碘可以让湿润的淀粉变成紫色。而且，试纸接触的臭氧越多，它的紫色就会越深。

Acid Rain and Snow
酸雨与酸雪

作者：斐拉

因为酸雨而成片死亡的树林

被酸雨腐蚀的大理石雕像

看看上面这张照片！死亡的森林，像竖着墓碑的墓地。这是被一种特殊的雨浇灌过的森林，这种特殊的雨就是酸雨。酸雨中的酸可不是我们烹饪和腌菜中常用的醋酸，醋酸属于弱酸，这里的酸是强酸：硝酸和硫酸。这些强酸不仅导致土壤酸化，阻碍植物生长，还会腐蚀建筑物，使其出现空洞和裂缝，强度降低。

酸雨的形成

人体内有各种循环，大自然也有它的循环，其中有个很重要的循环叫“水循环”。水以固态、液态和气态的形式在陆地、海洋和大气间不断循环。海洋、陆地的水经过太阳辐射，蒸发形成水汽，水汽上升到大气中，因为气温和气压的变化，形成云朵，最后凝结成雨、雪、冰雹降落到陆地上，汇集成江河湖海。

汽车、工厂和发电厂排出的废气中含有大量的硫化物和氮化物，它们是形成酸雨的“罪魁祸首”。硫化物和氮化物经过燃烧，会形成二氧化硫和二氧化氮。二氧化硫和水结合后，生成亚硫酸物质。含有亚硫酸的水蒸发后，与空气中的氧气反应，生成硫酸。巧的是，当雷雨天闪电时，氮气会与氧气结合生成不稳定的一氧化氮，一氧化氮会轻易地与大气中的氧气结合，生成少量的二氧化氮，加上废气产生的二氧化氮，它们和水汽结合生成硝酸。这样一来，硫酸、硝酸齐备，酸雨一触即发。

“柠檬味”的雪能吃吗？

白白的、厚厚的雪远远看去像一个个大大的冰激凌，好想把它们吃掉！听说最近出了“新口味”——柠檬味，这是大自然的“天然冰激凌”吗？当然不是！

雪是被冷冻的水蒸气，只要大气中有足够多的水汽和足够低的温度，那么天空就会降雪，而不是雨。雪落下时，会穿过大气层凝聚更多的冷冻水和大气颗粒。人们普遍认为，飘落到污染地方的雪，自然是很脏的、很危险的，而飘落在森林和郊区的雪是安全的。这种想法是不正确的。因为空气的污染物是通过整个上层大气循环的，森林和郊区也不能幸免。

天然的雪不能吃，第一个原因是它含有大量的细菌。加拿大安全委员会收集了来自世界各地的20多个雪的样本，发现所有样本中的细菌含量都很高。最多细菌是丁香假单胞菌，它能使豆类植物和西红柿得病。雪中细菌的数量相当于儿童玩的泥土中的细菌数量。

“原味”的雪不能吃，“柠檬味”的更不能！“柠檬味”的雪不仅携带细菌，还含有硫酸、硝酸，甚至世界上所有燃烧后散发到空气中的化学物质。这种含酸的雪就是酸雨的化身。想想看，能吃吗？而且，这种雪还具有其他潜在的危害，比如可能含有杀虫剂或毒素，积雪融化又结成的冰柱可能含有铅等重金属。所以，我们还是老老实实地去拿冰箱里的冰激凌吧！

酸雨和酸雪都是人为污染的产物，因此，人类需要审视自己的工业模式，从源头治理。

大气层中酸雨生成的原理图

The Experiment of Acid Rain

酸雨实验

在酸性环境中，大多数植物均无法正常生长。它们的叶子会变黄、卷曲，它们的生长速度也会放慢。在此次实验中，你将尝试在正常环境和酸性环境中播种萝卜籽，并记录它们的发芽数量。

材料

3张纸巾、3个带拉链的塑料袋（小号）、不透明胶带、笔、萝卜籽、一次性塑料勺、水、醋、量杯、量匙（汤匙）。

安全注意事项：勿食用此次实验中使用的任何材料。

程序

1. 将纸巾折成4折，并将它们分别放入每个塑料袋中。

2. 在各个袋子上贴上不透明胶带，并分别标注“水”“一匙醋 + 水”和“醋 + 水”。

3. 将这些袋子放在一个平面上，让标签朝上。

4. 在每个袋子中放入25粒萝卜籽。将萝卜籽置于纸巾之上，以便你能够透过袋子看到它们。

5. 在不拿起袋子的前提下，用塑料勺小心地在标有“水”的袋子中添加足够的水，直到纸巾完全湿透。

6. 在量杯中加入一匙醋，然后再加入水，直到量杯装满，轻轻地摇晃醋水混合液A。

7. 在不拿起袋子的前提下，用塑料勺小心地在标有“一匙醋 + 水”的袋子中添加足够的醋水混合液A，直到纸巾完全湿透。

8. 将剩下的液体倒入排水池，并用清水洗净量杯。

9. 在量杯中倒入1/4的醋和1/4的水，轻轻摇晃，制成醋水混合液B。

10. 在不拿起袋子的前提下，用塑料勺小心地在标有“醋 + 水”的袋子中添加足够的醋水混合液B，直到纸巾完全湿透。

11. 将剩下的液体倒入排水池，并用清水洗净量杯。

12. 封住3个袋口，并按压袋子上方，将种子压进纸巾中。

13. 将袋子放在阳光下，然后在接下来的5天内每天都查看种子一次。在“你的发现”一栏中记下每袋中已发芽的种子数量。比较一下，哪个塑料袋里发芽的种子最多？哪个最少？这说明了什么？

14. 实验结束后，将袋子及里面的东西扔到垃圾桶中。彻底清理你的工作区，并洗净你的双手。

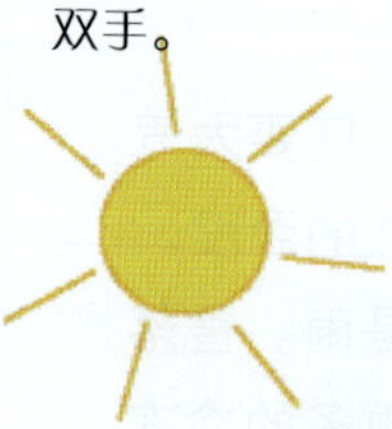

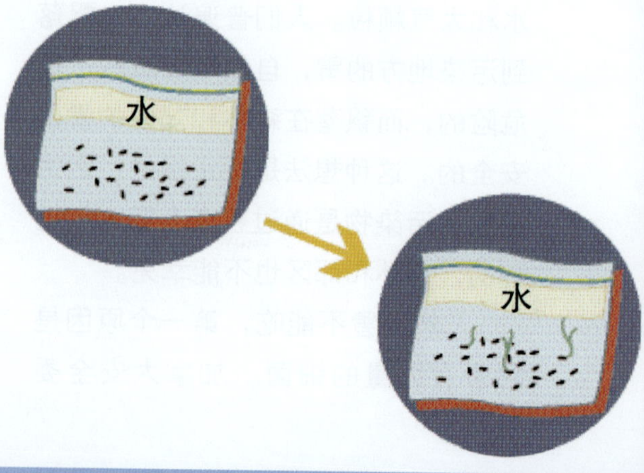

Danger! Killer in Your House!

注意室内“杀手”！

作者：梁素维

当你周围的人点起一根香烟，你有没有意识到你的健康正在受到威胁？你的鼻子为什么开始不太通气，你的头隐隐作痛，你甚至感觉身体还有一点颤抖？这些症状不只是“真讨厌”这三个字可以概括的吧？你的健康正在受到室内空气污染的危害。

被致癌物包围！

室内颗粒物污染在危害人们的健康。即便在一些颗粒物浓度低的地区，高浓度的毒素可以在人们感觉安全的地方——室内聚集。除了来自汽车尾气，室内空气中的颗粒物主要来源于吸烟产生的二手烟。在加拿大，室内 $PM_{2.5}$ 浓度平均不足 15 微克 / 米 ^{3}，而吸烟的家庭为 35 微克 / 米 ^{3}。

吸烟产生的二手烟的烟雾分为两类：支流烟（来自香烟的点燃部位）和主流烟（吸烟者吐出的烟雾）。二手烟被美国国家环保局以及世界上很多健康组织鉴定为“A 级危险品”或“已知人类致癌物”。每年有 3000 多名被动吸烟者因患上肺癌而死亡，这些人从未真正吸烟。此外，还有更多人因二手烟遭受哮喘、心脏病、呼吸道疾病等多种疾病的折磨。

不管你是否吸烟，香烟烟雾中的有害物

烟草燃烧时会释放出 7000 种以上的化学物质，下面列出最重要的几种。

砒霜：剧毒品

一氧化碳：会引起心肌梗死、中风、心肌缺氧

DDT 杀虫剂：一种有机氯农药

氰化氢：具有纤毛毒性的物质

钋：放射性物质，能杀死人体细胞，并引发癌症

苯：致癌物质，与白血病有关

焦油：具有致癌作用

亚硝胺、苯并芘：致癌物

尼古丁：使人上瘾的物质，大量吸入会导致中毒

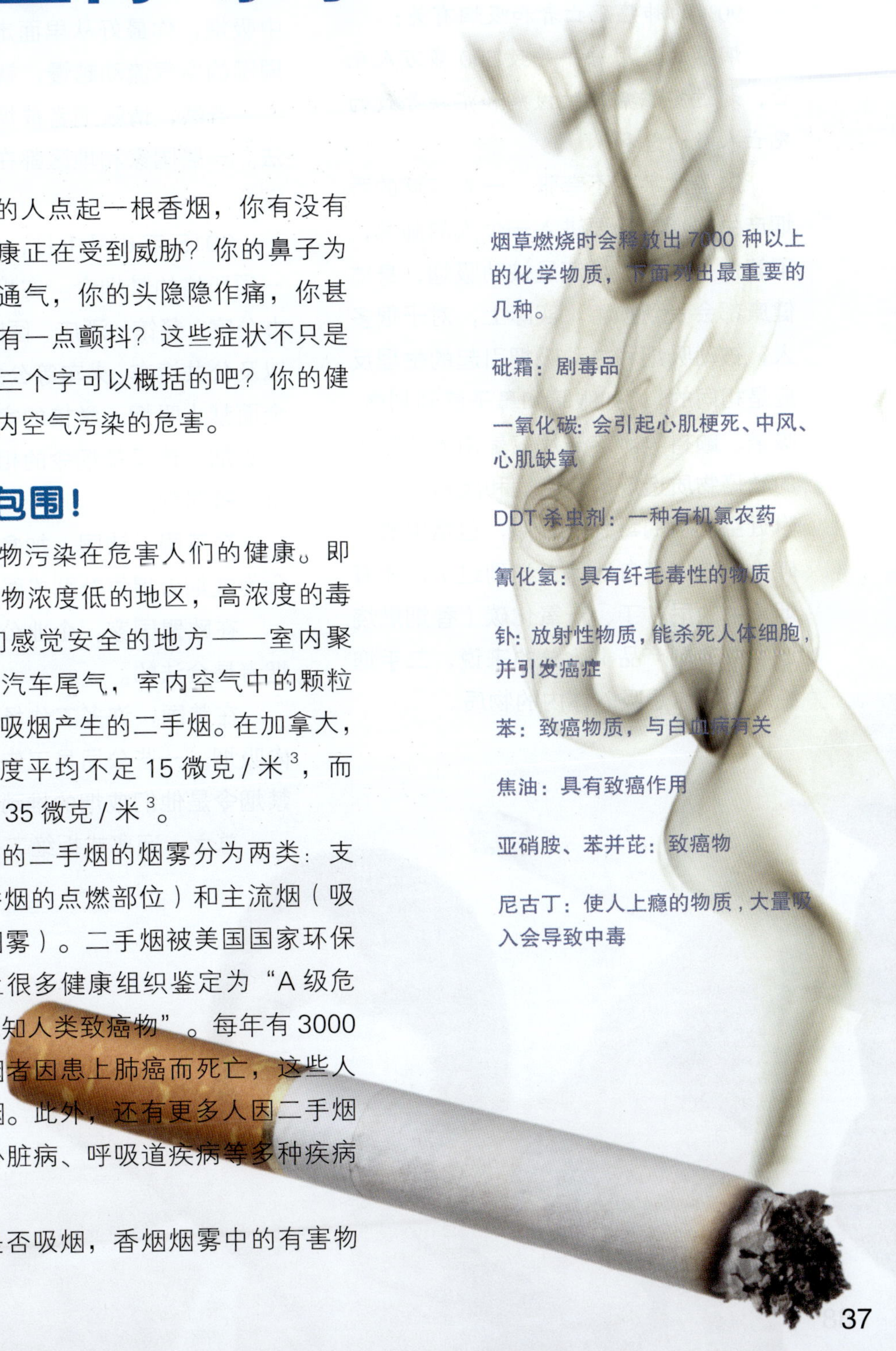

质都是一样的，都会对你的健康造成危害。来看看这些事实：

香烟烟雾中有7000种以上的化学物质，其中至少有250种是已知的有害物质，60多种是已知的致癌物质；

90%的肺癌死亡者和吸烟有关；

烟草的使用每年导致500多万人死亡，超过艾滋病、结核病和疟疾导致的死亡人数的总和。

这些数字并不夸张。一支点燃的香烟产生的烟雾只要进入一个人的肺部，不管他是主动吸烟还是被动吸烟，身体健康都会受到损害。实际上，对于很多人，被动吸烟和主动吸烟引起的生理反应是相同的，比如眼睛和鼻子感到刺痛、咳嗽、颤抖等。这些反应是由人体吸入的致癌物质造成的，它们和废料排放场附近空气中的毒物很相似，包括甲醛、砷（你或许在自然课上学到过），还有烟草中的尼古丁、一氧化碳（香烟燃烧过程中的副产品）。总的来说，二手烟绝对不是你想吸入体内的物质。

你该怎么办？

解决建筑材料的有害挥发物的终极办法是使用环保的材料；而对二手烟，最简单的解决办法就是和吸烟者保持距离。如果有人在车里或其他狭窄的空间中吸烟，你最好从里面走出来。吸烟者周围的空气流动越慢，就越危险。

当然，请吸烟者戒烟是最直接的办法。一些国家和地区都在推行强力的禁烟令。

2015年6月1日，北京开始实施一项严格的禁烟令。在机场、火车站、办公室、餐馆、酒店、医院等公共场所，以及公共汽车、火车等公共交通工具上，全面禁止吸烟。学校的室外区域也不允许吸烟，违反禁烟令的相关单位和个人将会被罚款。

在英国、法国、加拿大等国，政府会为戒烟者提供补贴或医保。

在欧盟国家，企业公开拒绝聘用吸烟者是合法的。

在美国，许多工作场所也禁止在室内吸烟。一些公司员工告诉研究人员，禁烟令是他们戒烟的推动力。

总之，远离或拒绝二手烟！

容易被忽视的危害

当你舒适地蜷缩在喜爱的椅子上，满足又放松，然后深深地吸一口气，或许你可能不应该这么做。

“在很多情况下，室内空气质量比室外空气质量更糟糕。”美国得克萨斯大学医学院教授威廉・卡豪恩（William Calhoun）说。室内空气污染源，包括室外进入的大气污染物，还有宠物皮屑，房间的尘螨等，另外还有装修材料散发的气体和吸烟、烹饪、取暖等活动产生的颗粒物污染。

“室内空气的一大污染源是材料散发出的气体。”曾是美国国家航空和航天局（NASA）科学家的比尔・沃尔弗顿（Bill Wolverton）解释说，“家庭使用的物品中，大多数制作材料都是用化学物质制成的，这些材料被称为合成材料，它们都是人造的而非纯天然的。不同的液体混合在一起，然后通过化学反应变成了固态物质，制成电视、电脑、地毯等花样繁多的物品。单一的化学物质能诱发严重的健康问题，而当多种化学物质混合在一块制成固体时，其最终产物一般是安全的。不过，并不是所有的化学物质都会产生反应形成固体。这些未反应的物质就会成为挥发物，其中某些成分会诱发健康问题。”

在家或学校里，许多材料都会散发出有害气体。乙烯地板、油毡、毛毯、染料、胶水及油画都会释放出化学混合物。同样，洗涤剂、吸尘器、塑料及纸也会释放出有害气体。沃尔弗顿建议，新衣物、床上用品等织物在使用前至少要清洗一次，这样可以减少有害物质的散发。在将新家具和毛毯安置到密闭建筑物内时，应该先让它们在空气中充分散味。

刨花板、中密度纤维板、定向刨花板以及强化地板已经成为甲醛的主要来源。许多建筑材料，如家具面漆、地毯和嵌缝等，也会释放甲醛

减少室内颗粒污染物

★做饭时使用排风扇与室外通风。
★请勿吸烟。
★避免使用木材炉或壁炉。
★减少蜡烛和焚香的使用。
★避免使用含有柑橘或松香气味的空气。清新剂或清洁剂（它们会与臭氧反应）。

减少室外颗粒物的进入

★使用门垫并在门廊处脱鞋。
★当室外污染物浓度高时关闭门窗。
★保持室内洁净并使用高效吸尘器。
★开启空调的中等或高效空气过滤功能。
★不要使用含臭氧的空气过滤器。

Reading AQI
如何阅读 AQI

作者：哈里·莱文（Harry LeVine） 凯西

2014 年 2 月 28 日北京的空气质量指数（Hung Chung Ghih）

“今天的主要污染物是 $PM_{2.5}$，24 小时中，最高值出现在凌晨 2 点，高达 122 微克 / 米 ^{3}。截至上午 10 点，本市 $PM_{2.5}$ 日均值为 38 微克 / 米 ^{3}。”这样的情况被认为是好天气，这个预报就是空气质量预报。

那么，好天气的标准是什么呢？

空气质量预报

居住地的空气质量会影响人的生活和呼吸方式。和天气一样，空气质量每天甚至每时每刻都在发生变化。一些国家和地区的环保局或其他组织，希望通过建立信息收集和发布平台，像天气预报一样为居民播报空气质量。

空气质量指数（AQI）就是这样的一个工具。它是用来定量描述空气质量水平的数值，取值范围在 0~500（AQI 的值最高只能是 500，当污染物浓度超出最高上限时，这种情况被称为“爆表”）。空气质量指数上升，表明污染物的浓度上升，对人体的健康危害就变大。

选定污染物

我们经常听到有人在讨论“$PM_{2.5}$ 爆表”“$PM_{2.5}$ 是 300”，其实说的都是空气质量指数。之所以以 $PM_{2.5}$ 代之，是因为空气质量指数的确定方法如此。

空气质量指数是怎么产生的呢？首

先需要确定指数反映的污染物种类。常见的环境空气污染物包括二氧化硫、二氧化氮、一氧化碳、臭氧以及 PM_{10}（直径小于等于 10 微米的悬浮颗粒物，称为可吸入颗粒物）和 $PM_{2.5}$（直径小于等于 2.5 微米的悬浮颗粒物，称为细颗粒物）。这六种也是中国《环境空气质量标准》规定的“基本项目”，另外还有总悬浮颗粒物、氮氧化物、铅和苯并[a]芘四种为“其他项目”。

其中，$PM_{2.5}$ 是近十年才进入污染物监测行列的，这也是因为人们对它的认知是逐步建立的。美国是最早发布 $PM_{2.5}$ 空气质量标准和污染物浓度的国家，中国则是从 2012 年起才开始在各主要城市进行 $PM_{2.5}$ 的监测，计划在 2016 年覆盖全部地区。

安装在各地的气象监测仪

监测污染物

其次需要针对这些污染物进行监测。环境部门会在不同的地点建立监测站，每天测量和记录当地主要污染物的浓度值，比如二氧化硫的浓度为 20 微克/米^3、$PM_{2.5}$ 的浓度为 340 微克/米^3 等。

不过，这些测定值还不是最后看到的统一的指数。在得到直接的测量数据后，还需要做两步工作：一是需要制定一个标准的转换公式，二是需要确定各项污染物的分级浓度限值。

接下来，就是将测量得到的污染物的浓度值，套用对应的分级浓度限值，按照公式得出空气质量分指数（IAQI）。最后，从各项污染物的空气质量分指数中选择最大值为空气质量指数。比如，在 4 月 12 日那天，某地 $PM_{2.5}$ 的空气质量分指数值是 90，二氧化硫的空气质量分指数值是 88，

	世界卫生组织(2005年)(微克/米^3)		美国环保总局 (2006年)(微克/米^3)		美国环保总局 (2013年)(微克/米^3)	
	24小时平均值	年度平均值	24小时平均值	年度平均值	24小时平均值	年度平均值
$PM_{2.5}$	25	10	35	15	35	12
PM_{10}	50	20	150	未设定	150	未设定

优质空气质量对应的污染物浓度值

空气质量 APP 推荐

通过手机应用程序（APP），我们可以实时掌握所在地的空气质量。这里展示了 4 个常见的应用。

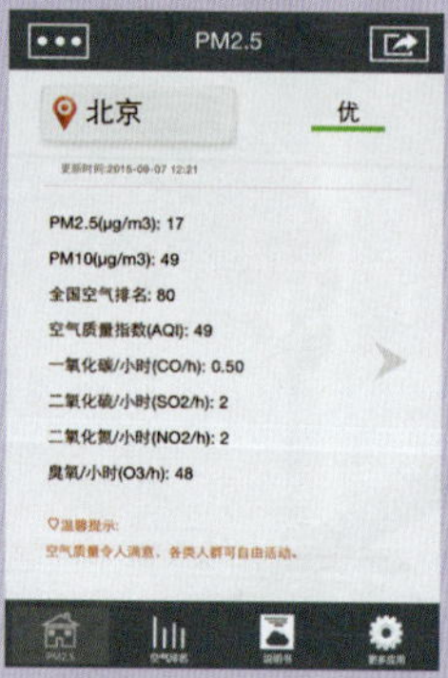

$PM_{2.5}$：各地空气指数实时查询，页面简单，根据空气质量显示空气指标预警，并普及 $PM_{2.5}$ 知识，提供预防建议

墨迹天气：新增空气质量预报，出行参考更全面。人性化设计，使用简单，支持城市较多，本土语言同步显示

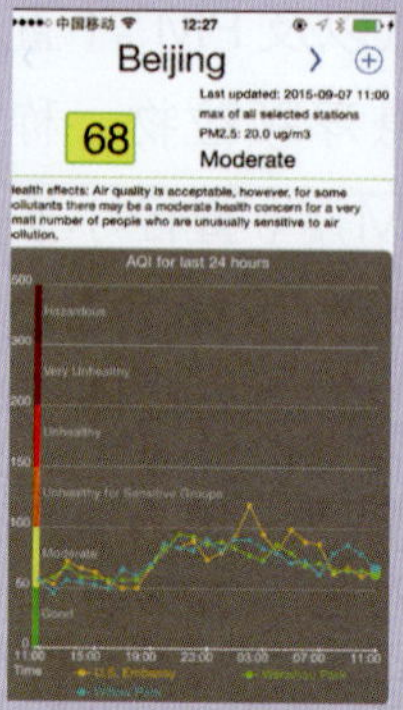

全国空气质量：可以显示最严重的污染物浓度，对比多个观测点的 AQI 指数

全国空气质量指数：根据所在位置显示距离最近的监测数据，可与你的空气质量监测器相连，显示室内空气质量

那么这一地点当天的空气质量指数值就是 90。在某一时期，$PM_{2.5}$ 常位居污染物首位，这就是为什么人们常常会用 $PM_{2.5}$ 的数值来描述当天空气质量的原因。

空气质量指数设定的目的就是帮助人们判断当地空气质量对他们健康的影响。人们可以通过空气质量指数的分级标准以及相应的颜色更加直观地了解空气质量和健康风险。

由于不同国家每个级别对应的污染物浓度限值是事先设定的，即便同样的公式推导出的结果也会不同。比如，当 $PM_{2.5}$ 的浓度等于 32.5 微克 / 米 ^{3} 时，中国标准计算出的空气质量指数值为 47，属于“优”级别；而按照美国标准计算出来的空气质量指数为 93，属于“良”级别。

空气质量指数	指数类别	对健康的影响情况
0 ~ 50	优	空气质量令人满意，基本无空气污染
51 ~ 100	良	空气质量可以接受，但某些污染物可能对极少数异常敏感的人群的健康有较弱影响
101 ~ 150	轻度污染	易感人群症状有轻度加剧，健康人群出现刺激症状
151 ~ 200	中度污染	进一步加剧易感人群的症状，可能对健康人群的心脏、呼吸系统有影响
201 ~ 300	重度污染	心脏病和肺病患者症状显著加剧，运动耐受力降低，健康人群普遍出现症状
301 ~ 500	严重污染	健康人群运动耐受力降低，有明显强烈症状，提前出现某些疾病

摘自中国环保部《环境空气质量指数（AQI）技术规定（试行）》

作者介绍

哈里·莱文（Harry LeVine）博士在制药领域工作了28年，现任教于美国肯塔基大学，教生物化学，也教学生如何专业地传播科学。此外，他还进行着一个有关阿尔茨海默病的研究项目。莱文博士还为许多杂志撰稿，也写了一些书，为孩子展现科学的神奇和奥秘。

问：您怎样看待为儿童写科普文章？

答：我喜欢为小读者写科学文章并介绍一些科学家的故事，这是因为我希望他们能够体验周围世界的神奇，也可以了解像我一样的一群人——这些人发现世界是如此的有趣，如此具有启发性！

问：您会建议儿童怎样学习科学？比如您推荐他们阅读哪一类文章和图书？

答：自然和科学就在我们的周围，我们要对事物如何运行保持一颗好奇心，找到一些让你感兴趣的东西，尽可能地了解关于它的一切。这些知识可以来源于老师或他们推荐的学习资源，比如电视上的教育节目，或者图书馆里的图书和杂志。尽可能地扩展自己的思维，每天学习一些新的知识。最重要的是，一定要这么做：承担一项科学展览项目，作为老师的一名学生助理去参加博物馆的一些活动。

问：您怎么看未来的科学发展？您对科学伦理持什么态度？

答：科学探索拓展了我们对世界的认识，为我们提供了思想和实践的工具，也改善了人类的健康状况。同时，科学也使我们了解地球上的生态系统如何运作以及人类如何影响环境。科学也可以推演出许多解决环境污染、人口膨胀、食物短缺以及疾病控制等问题的方法。

由于科学知识的力量相当巨大，科学研究必须以一种严谨和道德的方式进行。科学建立了一套自我修正体系，通过研究的重现性来衡量科学的真伪，虽然真理最终一定会出现，可是在研究过程中由于控制不良或者不道德因素造成的误差或错觉，都有可能导致严重的破坏，甚至伤害人类本身。

问：您怎样评价目前的科学教育？有什么建议吗？

答：对科学过程和科学原理（包括基础的定量技巧）的基本认识相当重要，这是人们在如今科技驱动型社会活动中参与决策的前提。然而，那些缺乏这种背景知识的人将会失去决策的机会，他们将只能服从决策人的安排。

美国的中学教育中首要的问题是，许多教授科学的老师，他们本身并没有经过与科学相关的特殊训练或科学思维的培养，甚至他们只是对科学感兴趣。结果，这种教育非但没有激发起学生对科学的兴趣，反而让学生感到厌烦。

THE CHEMICAL QUANDARY CAUSED BY EXPLOSION

爆炸引发化学窘境

作者: 丹·里施（Dan Rish）
译者: 钱新华

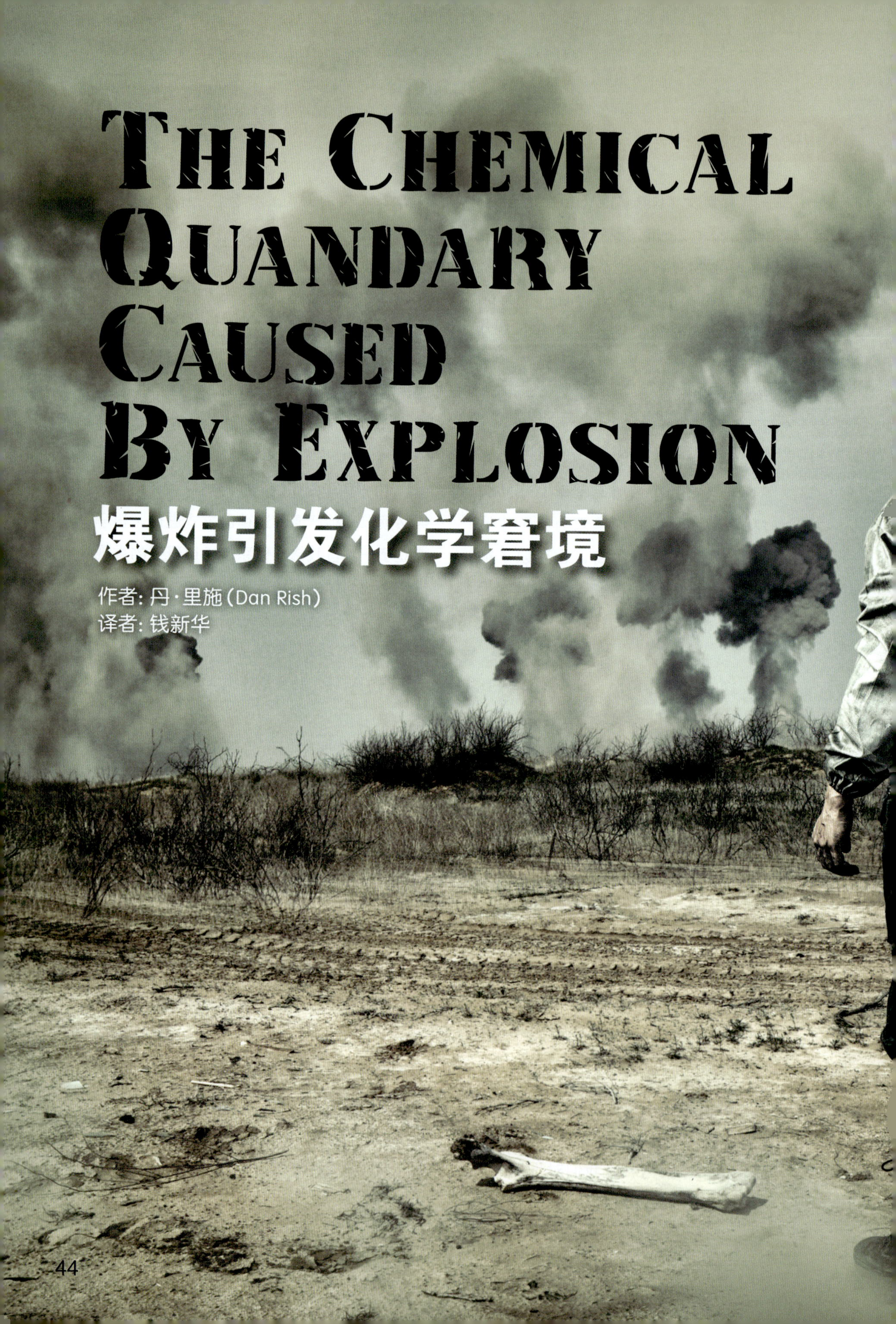

窘境
是一种困惑或不确定的状态，尤其是指对要做事情的抉择两难。

硝酸铵可以成为爆炸性的“刺客”，氰化钠一直都是沉默的“杀手”，电石可以喷发火焰，甲苯二异氰酸酯可以破坏肺部，且可能致癌。

它们是不是很令人生厌？没错。虽然这些化学物品具有危害性，但是一些产品的生产需要它们。在化学物质使用中权衡它们的风险和益处正是处理化学窘境的核心。

2015 年 8 月 12 日，发生在天津的爆炸事故使天津的居民们陷入困惑。一场大火吞噬了天津的一个仓库。扑救工作中，发生了相当于 21 吨 TNT（化学名：三硝基甲苯）炸药破坏力的爆炸。114 人已被确认死亡，至少 700 人受伤，70 人失踪。爆炸向土壤、空气和水中释放的污染物尚无法量化。（有关天津爆炸事故的信息仅限作者撰写本文时所知。）

那家仓库里都存放了什么东西呢？硝酸铵、氰化钠、电石、甲苯二异氰酸酯和大约 36 种其他化合物。如果使用得当的话，硝酸铵肥应该用于农田；如果能够安全处置的话，氰化钠可以帮助矿工从岩石中分离出黄金；甲苯二异氰酸酯可以用来做民宅和学校的保温材料。天津仓库里储藏的每一种化学物品都能对创造舒适或高效的生活发挥作用。

天津的悲剧并不是第一次。1984 年，印度博帕尔成了世界上最致命的化学事故现场。一种用于制造农药的异氰酸甲酯的气体泄漏到空气中，数千人因吸入这种气体而身亡。2008 年，一家位于美国西弗尼吉亚州的农药制造厂发生爆炸，两名工人丧生。就在天津爆炸事故发生前的一个星期，美国科罗拉多州的一个拦截混合化学废物的大坝塌陷，初期评估已经确定有 26 种化学物品流入阿尼马斯河（Animas River），下游的社区已经停止从阿尼马斯河取水，避免饮用水污染。

1984 年 12 月 2 日深夜，联合碳化物公司 (Union Carbide) 位于印度博帕尔的杀虫剂制造厂发生事故，45 吨有毒化学成分从设备中泄漏出来。数小时内，数千人因此丧命。在接下来的数月时间里，又有约 1.5 万人中毒身亡，近 50 万人不同程度受影响。在受影响的人当中，大多数人失明、器官坏死或是有其他身体问题

在每天都在发生的，对地球上的空气、土壤和水，当然还有人类造成污染和危害的例子中，上面列举的这些只是比较突出的几个。

生活中的化学物质

人造化合物在环境中无处不在。美国化学学会（American Chemical Society）在维护一个叫作“化学文摘服务”（Chemical Abstracts Service，简称“CAS”）的全球数据库。该数据库保存了全部已知的有机和无机的化学物质信息。就在本文撰写之日，该数据库已经列出了 101,506,835 种化学品，而且每天都会更新 15,000 种物质。

这是一个令人难以置信的数字，应该指出的是，名单中包括“天然”化学物质，以及由科学家发明的化学制剂。在数百万种化学物质中，CAS 计算出那些由政府控制的受关注的化学品有 344,000 种，每周都新增限用物质大约 50 种。

“那么，好吧，”你会说，“这些数字虽然庞大，但是它们对我来说是什么意思呢？”

为了让这些数字更加真实，看一下几乎在所有社区都会看到的两种行业：美容美发和汽车维修。

在美容美发店里，一般美甲项目就要使用 19 种化合物。它们包括福尔马林、邻苯二甲酸二丁酯和甲苯等。这些化学物质的作用就是让指甲更漂亮。但是，如果这些化学物质没有正确使用抑或过度使用，它们就会有副作用。

化学物质	益处	风险
福尔马林	指甲硬化剂	过度接触会刺激眼睛、鼻子、皮肤和呼吸系统，而导致喘息。长期接触可造成像哮喘那样的呼吸困难。如长时间接触或吸入高浓度该物质，可致癌
邻苯二甲酸二丁酯	指甲油和指甲硬化剂	过度接触会刺激眼睛、胃及上呼吸道。长时间接触可危害人体生殖器官
甲苯	指甲油和指甲胶	过度接触会刺激眼睛、鼻子并导致体虚、疲惫、意识模糊、眩晕、头痛、焦虑、肌肉疲劳和无法入睡。甚者可损伤肝肾

你无须在邻里四处寻找广泛使用的化学物质，在家里走一圈，就可以发现很多。洗发香波、沐浴露、厨房和卫生间的清洁剂、地毯、塑料食品保鲜膜、喷雾驱虫剂，甚至商店打印的购物小票，所有这些都含有各种化学物质。

化学物质	益处	风险
二异氰酸酯	用于车辆涂料，以使涂漆坚固，保护车辆不受空气中其他化学物质的侵蚀	可刺激皮肤，出现过敏反应、呼吸道发炎及肺毒性，某些二异氰酸酯还可致癌
乙苯	车辆维修时用于清洗工具的溶剂	刺激皮肤和眼睛，可造成先天缺陷和生育问题，可致癌

你也看到了，化学物质在日常生活中不断出现，其实很多化学物质根本不会有什么麻烦。但是在制造、储存、使用、处置，还有不幸的事故过程中，它们分散到了环境中。一旦发生了这种情况，它们就会变成污染物。

“隐形虎”

做一个小测验：天津仓库的化学物品是怎样进入环境里？请在分析中考虑三个事实：

1. 仓库及其存放物品起火；
2. 据报道，消防队员用水灭火；
3. 发生过两次爆炸。

先来假设化学物品一直安全存放在仓库里，也就是说化合物是在稳定的条件下保存的。换个说法就是，每一种化学物品都不会和另一种物质（比如空气或水）发生反应。此外，它们被存放在远离高热或高压那些容易引起化学反应的地方。

但是，有些事情发生了变化。根据报道，一开始起了火，这已经够糟糕的了。接着又用水来灭火，这犹如火上浇油。水和一种也许是多种化学物质发生了反应，或许这些反应引起了爆炸。结果，化学物质被一股脑儿地释放出来。这就好像一个装满了老虎的动物园，所有的门都突然被撞开了一样。

那么这些“化学老虎”要跑到哪去呢？它们又是怎么跑到那儿去的呢？到现在，你可能已经想到了化学物质污染空气、土壤和水的几种方式了。环境科学家称之为检查“暴露路径”。

显然，爆炸将化学物质的混合物喷射到空气中，有些化学物质随着火焰的热量和爆发力升空，达到一定的高度被风捕获。有些被抛向了建筑物、撒向了附近的街道。在爆炸波及范围内，化学物质覆盖了一切。

还记得消防队员用水灭火吗？“化学老虎”和水一起沿着路面流入排水道，它们沿着管道进入远远超过爆炸范围的溪流。它们还会流向当地的污水处理厂，造成污染。从污水处理厂出来的固体废物散播到土地上，进而污染土壤。化学物质还可能渗入地表下面的天然水库（即地下水），它们在那里可以存留很长时间。

现在，我们的分析变得更棘手了，这是让环境科学家做噩梦的部分。

像在天津、博帕尔、西弗吉尼亚州或科罗拉多州发生的这些事故只为化学污染进入环境提供了一个路径，还有很多其他令人惊叹的路径。每一次，我们把没有用过的药物扔进垃圾桶或冲入马

雨林中发现人造化合物

2015年5月，来自英国诺丁汉大学马来西亚校区的研究人员宣布了一个惊人的发现——在婆罗洲的野外森林中发现了四氯乙烯化学气体。这个发现之所以令人震惊，是因为不存在“天然”的四氯乙烯，它是一种人类制造出来的化学物质。它是怎么到达婆罗洲雨林的呢?

研究人员发现，来自北部国家的冷空气流作为“超音速输送机”，将中国和其他国家的化学物质运送到赤道地区，而用于干洗和金属脱脂的四氯乙烯很容易逃逸到空气中。在北半球寒冷的冬季，冷空气可以以每天1000千米的惊人速度向赤道方向流动。因此，星期六干洗校服的四氯乙烯在下星期一就可以污染到婆罗洲的空气。

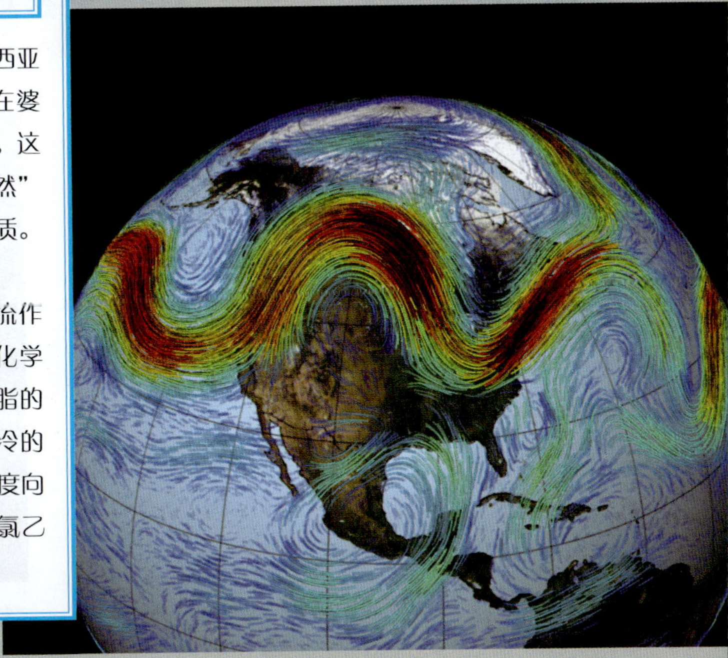

地球上空的气流，能够快速地将一个区域的大气污染物带到另一个区域

桶，化学物质就进入了环境；我们洗手、刷牙的时候，化学物质进入了环境；我们焚烧生活垃圾时，污染物就扩散到环境中。

实际情况是，现代生活的各个方面都在或多或少地向空气、土壤和水中释放着那1.01亿种化学物质。最可怕的噩梦是，我们无法知道污染对植物、动物和人类有怎样的影响。尽管如此，科学家还是要追踪“化学老虎”，试图了解它们对环境的影响。他们在观察一些关键迹象。

有些化学物质由于和其他化学物质发生反应而很容易分解。比如，有些化学物质是水溶性的，它们分解后在水里就是无害的。还有一些被微生物消化或被植物代谢，被固化了。

但是，有些化学物质如天津爆炸泄

持久性："老虎"是潜逃、猛扑，还是默默地蛰伏几年甚至几十年？

漏的氰化钠，就会立刻变成最坏的样子。哪怕摄入只有200~300毫克的氰化钠，人都会立即死亡。吸入氰化钠蒸气，人会在几分钟内断命。

还有一些化学物质在环境中持续性地惹祸。这些"化学老虎"长时间徘徊在空气中、土地上或水里。其中一个例子就是铅，少量的铅就可以损伤一个人的元气，导致关节和胃部疼痛，还会损害人的神经系统。

鱼类是对环境变化反应最灵敏的物种之一。图为在污水中死去的鱼

铅一直用于汽油、油漆及其他很多产品，包括儿童玩具。在美国，40多年前就禁止使用铅做原料。2008年公布的一项研究指出，自从禁铅令实施以来，美国空气中的铅含量已经下降了89%，从儿童提取的血样中的铅含量也在下降。但是，调查同时指出，即使儿童体内显示的铅含量极少，它仍然比"背景"（自然存在的铅含量）高出100倍。

即使数量微小，许多化学污染物也能对环境构成严重的威胁。怎么威胁

列队效应

"Efecto Chohorte"是西班牙语"列队效应"的意思。"列队"是指有共同特征的一群人。西班牙科学家用这个词来形容他们在世界所有西班牙裔身上发现的一个现象。

有一类被称作"持久性有机化合物"（POC）的化学物质已经被禁止使用，或在全球范围内严格限制使用，包括西班牙。POC对人体有害，它们通过食物、饮水或呼吸等简单行为进入人体，在脂肪和主要器官中积累，很多会致癌。

科学家发现，西班牙人体内都有某些程度的POC，也就是100%的西班牙人口都有。他们至少被一种POC环境污染物毒害过。

但是科学家从数据中找到了亮点，年长的西班牙人体内POC水平值比POC被禁止使用后出生的年轻人水平值高。他们把这个现象叫作"列队效应"。

呢？经过一段时间后，它们慢慢聚集到一起，这个过程被称为“生物积累”。

假设有一种化学废物泄漏到水道里，比如阿尼马斯河。少量化学物质附着在腐烂的植物和水藻上，蜉蝣和石蝇幼虫以及其他水生昆虫吃了这些植物和水藻，就摄入了微量化学物质。然后，幼小的鳟鱼或其他鱼类吃掉这些昆虫幼虫，它们就摄入了这些化学物质的总和。青蛙或更大的鱼吃掉幼小鳟鱼时，青蛙或大鱼体内就聚集了小鳟鱼身上的化学物质。每次食物链中较高级的生物体在捕食时都会发生这样的事。因此少量的化学物质在生物越聚越多，一直到化学污染变得非常危险。这个过程就是生物积累。

所以，少量相对无害的化学物质释放到水道或土壤中却可以演变成重大的威胁。等到有人在阿尼马斯河里钓鳟鱼的时候，化学物质的浓度可能已经达到了惊人的程度。谁都不该吃这样的鱼。

生物积累是指生物体从环境中吸收化学污染物。

风险与收益

化学物质在现代生活中起着重要的作用，但是我们不能让它们自由通行，必须在风险和对人类的真正益处之间进行计算和平衡。虽然它们有益，但是我们不允许化学污染破坏更有益的重要资源——空气、土壤和水。化学窘境就是要找到这个平衡点。

科学家在取水样

Principle of Pollutant Clearance
除尘原理

作者：景荣

当你在家看电视（老式电视机）的时候，突然一束光从窗外射进来，仿佛现形一般，电视机屏幕前会出现一丛跳跃的灰尘。没错，这里面隐藏着如何为空气除尘的秘密！

电视机屏幕正在收集灰尘，其原理就是静电吸附——用电荷捕捉污染物颗粒。

科学家也用同样的原理来清理空气中的污染物。安装了静电除尘器的烟囱可以从工厂排放的废气中将飞灰、煤焦油吸走。很多家用空气净化器的工作原理也是如此。

注意：电视机是高电压电器，不要打开电视机外壳，也不要在电视机内放任何东西。

所需材料

★60厘米长的线。

★橡胶气球。

★使用显像管的电视机（也称CRT电视机，屏幕大小与体积成正比，这种电视机的特点是体积大、重量沉）。

实验步骤

★ 吹起气球，扎紧，系上准备好的线。

★ 把气球放在头发上，上下左右摩擦，也可以在羊毛毛衣上摩擦气球。

★ 把气球拴在离电视机屏幕约30厘米的位置，打开电视。

你会看到气球像被无形的力拉着似的贴向电视机屏幕。试着把气球放在离屏幕更远的地方，看它是不是仍然受力。

实验原理

你可以将电视机屏幕看作是带正电的收集板，吸引带负电的电子。

正电与负电这两种电荷是怎么在电视机内部产生的呢？这与我们为什么需要用有显像管的电视机来做这个实验有关。

显像管是CRT电视机成像的关键部分，在阳极高压的作用下，显像管内的阴极射线管发射电子束到屏幕的内侧，使荧光粉发光。在电视机内部，电子带负电，显示屏带正电，异种电荷相互吸引。

在我们的实验中，气球带负电，相当于电视机内的电子。为什么气球会带负电？这是由不同材质失去和获得电子的倾向决定的。在摩擦起电过程中，毛发带正电（它倾向于失去电子），橡皮材质的气球带负电（它倾向于获得电子），科学家管这个过程叫“电荷分离”。而异种电荷相互吸引，所以带负电的气球会靠近带正电的电视机屏幕。

实验应用

这个实验和空气污染物的清理有什么关系呢？实际上，我们可以做一个非常简单的静电除尘器。

把空气中悬浮的污染物看作是气球，家中的灰尘实际上是由花粉微粒、死去的昆虫尸体等物质组成，容易带电。讨厌的工业废气，比如铅、镉、硫酸等微粒也会携带静电荷。

而你的电视机屏幕呢？因为黏附了很多带负电的灰尘颗粒，它很容易变脏，这也是你要不断清洁电视机屏幕的原因！不过你要注意清洁方法，当你用风扇吹电视机屏幕的时候，反而会带来更多的灰尘，电视机屏幕会变得更脏。

这也是家用电子空气净化器的工作原理。空气净化器中装有带电的收集板，类似电视机屏幕，但是电量更高。小风扇带动屋内的空气通过这些收集板，而工业用净化器则使用鼓风机或者通风口让空气流入。

不过，在实际应用中，为了收集板能更快速地吸附污染物，还会用离子化技

使用生物燃料的供热系统中安装的静电除尘器

术处理污染物颗粒，让它们在到达收集板之前获得更多的电荷。在一台空气净化器中，离子化的过程通常是指驱动流入的空气经过几组带电荷的电线。

在实验中，你在头发上摩擦气球，就是让气球带电，这个过程就是离子化。你通过这个过程让气球获得了电子而形成负离子。离子即通过获得或失去一个或更多的电子而形成的一个或一组带电原子。你可以把你的气球想象成一个巨大的污染物颗粒。

一些生活中用到的除尘器采用的电极可能与我们的实验相反，比如使颗粒带正电、收集板带负电。不过不管是你的电视机除尘器，还是高科技的室内空气净化器，或者工厂处理有毒烟雾的过滤设施，使用的都是静电原理。

你能不能利用同样的原理发明新的除尘装置呢？

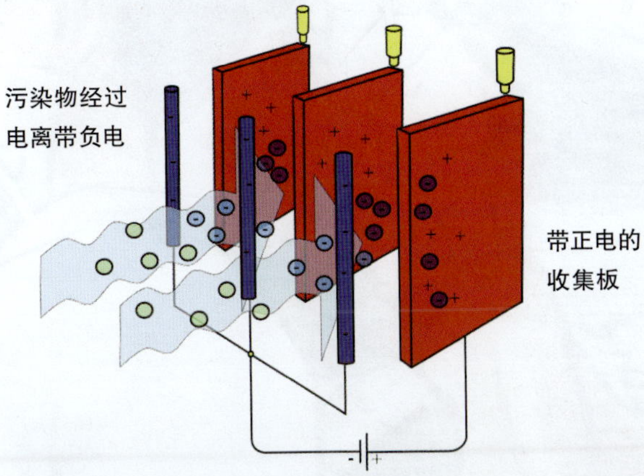

工业除尘器示意图

Welcome to Blue Sky City

欢迎来到蓝天城

作者：丹·里施（Dan Risch）
译者：米加
绘者：丑人儿

12 岁的芭比和米扬坐着“0 尾气”校车回家。没有家长护送，真酷！“0 尾气”校车人工智能芯片设定它们只能来往于家和学校之间。

2035 年的蓝天城，居住着 2200 万人。路面上铺着太阳能转换器，即便在炎热的天气里，路面也不会发烫，太阳辐射都被它吸收了；路旁的风车静静地在转动……

今天六年级的作业就是一份关于他们生活的城市的报告，另外还要配合行为创意。

“你出生时，这座城市就是这个样子吗？”米扬问芭比。

“是啊。不过我妈妈告诉我，当她小的时候，我们的城市生活着 450 万人。”芭比说。

“那这 20 多年来都发生了什么呢？为什么人口多了，城市反而干净了呢。”米扬突然反问。

“问得好。我觉得现在人们不在乎一些东西，他们觉得这是理所当然的，他们不知道当初清理这座城市有多难。我妈妈和爸爸一辈子都在研究海藻发电。”芭比说。

“我父母亲来自农村。我们搬到这里之前他们在水产养殖场养鱼，他们前半辈子都在跟水打交道。”米扬低头看着自己的手，“对了，我们可以写自己的爸爸妈妈呀？”

“很棒的主意！”芭比说，“行为创意我也有主意了，明天告诉你。再见。”

第二天早上，米扬带着他的书来到聚集的小树林，看到芭比被同学围在中间。

她穿了一件天蓝色的衣服，指甲颜色也被涂成蓝色与衣服相配。她的头发染成了深蓝色。一个小小的白色蝴蝶结戴在她头上。她的手里拿着个什么东西。

芭比在同学面前转了一圈，她的裙子像一把打开的蓝扇子。“欢迎来到蓝天城。”她笑着说。“米扬和我，”她扫了一眼她的朋友，“这就是我们的行为创意，蓝色的蓝天城！”

芭比的报告

请看这张来自国际空间站的照片，它拍摄于2010年的某个晚上。当时的蓝天城人口是1500万。现在是2035年，2200万人居住在蓝天城。不同的是，我们实现了碳中性。

碳存在于一切生物体中。当一些东西死亡时，碳被“锁定”或“释放”。植物遗骸里有被锁住的碳，但当燃烧时，碳变成二氧化碳被释放到空气中。在2010年以前，像石油、天然气、煤等燃料大量用于发电和生产，它们释放的碳积累于空气中，捕获更多的太阳的热量，地球变热了！

碳中性就是有计划地进行我们的人类活动，使大气中的碳含量不再增加。早在20世纪末，一个被称为“地球工程”的技术出现，这个技术帮助我们实现碳中性。其中有一项关键的技术，是我们现在发电厂运用的，它有别于通常采用的风力涡轮机、太阳能板，利用藻类的“光合作用”来发电，是我们城市最大的电力来源。

你可能知道光合作用，但是你知道植物如何有效地接收到太阳的能量吗？比如，照射到一朵花上的阳光能在瞬间激发花朵的细胞活性。电力工程师使用的是类似的方法。

实验室内利用藻类吸收太阳光能量的光生物反应器

光子科学研究所的研究人员与来自格拉斯哥大学的生物化学家合作，首次揭示了常温下光合作用能量传递的机制，并发表在了《科学》杂志上。

通过观察，研究人员了解了太阳能是如何通过单一的蛋白质传送的。他们研究光合天线蛋白质的能量运输通道，研究显示每个蛋白质使用不同的通路。

植物和某些细菌类的光合生物已

左图：阳光下的光合天线蛋白质在尽情吸收阳光能量（图片来源：ICFO）
右图：经过光合天线吸收的太阳光能量传输到光合作用的光化学反应中心的过程

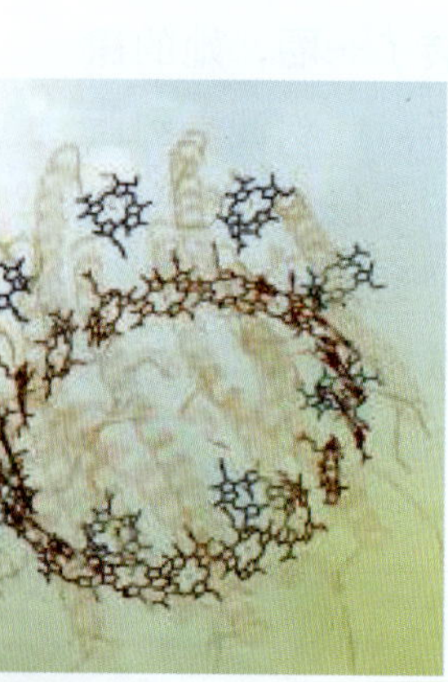

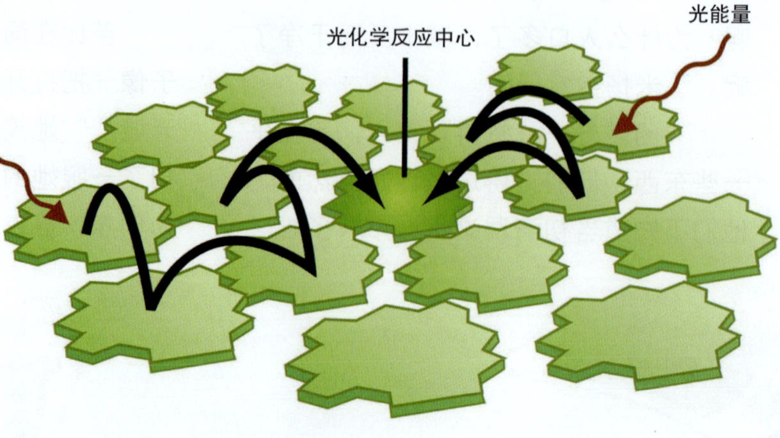

掌握了这个过程：在不到几百万兆分之一秒中，它们吸收的太阳光有高达95%被利用，用来迅速驱动代谢反应。这可是任何太阳能换能器都不能达到的效率。

这种非碳发光能量源的关键是一种蛋白质大分子。研究人员在纳米尺度下使用超高速成像技术发现了这种蛋白质，他们把它命名为“光合天线蛋白质”。

试将蛋白质想象成接收天线，当阳光照射到这种蛋白质时，光的能量被蛋白质吸收，然后它以比眨眼快得多的速度，将捕获的能量输入植物细胞内。

研究人员发现，藻类的天线蛋白和人造光合天线蛋白质之间可以发生化学连接。利用这种化学连接关系，当阳光照射到藻类时，这些蛋白质所吸收的能量不是全被转移到植物细胞中，而是有一部分被转化到人造光合天线蛋白质中，从而被传递到了城市电网和蓄电池内。

最终，蓝天城成为了碳中性的城市！

米扬的报告

我要讲的是再生水。

如果你刚来蓝天城，你一定想知道：为什么用再生水？我也问过同样的问题。毕竟，我们可从雨中获得水，我们就住在又深又宽的河边。

人可以搬来搬去，但河流不行。随着更多的人用水，像河流这样的水资源会变得有限。所以，当2200万人挤进一个地方，找到足够的可饮用水、清洁用水会变得越来越难。何况我们不应该用尽提供给我们的所有的水。我们还有别的考虑。随着世界人口的不断增长，如何分享水资源变得越来越重要。地球的70%是水，但只有1%是人类可直接用的。

在蓝天城，我们有责任使用回收水。那么，令人恶心的洗澡水或厕所用水如

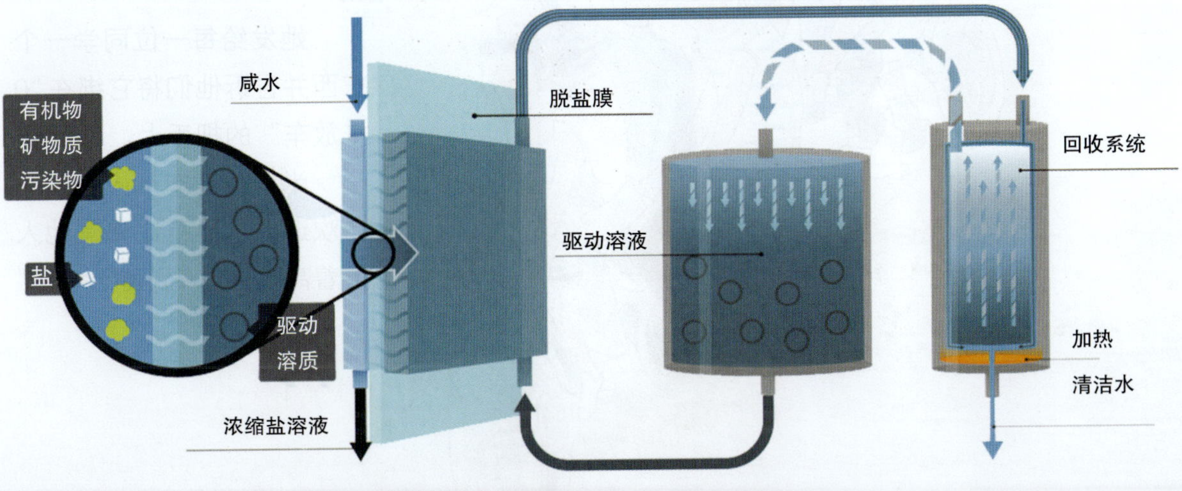

奥塞斯水务（Oasys Water）公司的正向渗透工艺

何能转变成饮用水呢？

这很简单。污水处理厂采用尿素反应器电解水清洗系统。生物反应器采用了一种叫作“正向渗透”的工艺，就是让污水流穿过极小孔隙的薄膜（半透膜），水中大的物体（由大分子和分子团组成）会被薄膜捕获，水因为具有较小的分子结构则可以穿过薄膜。结果，“恶心”的东西——也就是上述的大的物体，如细菌、盐、蛋白质、病毒、寄生虫等就和水分离了。

在空间探索中也有处理废物的问题，科学家正在开发一种新技术，将尿液转换成燃料和饮用水。他们的报告也为未来城市污水处理提供了新的方法，他们的研究成果刊登在美国化学协会杂志《可持续化学与工程》上。

更有意思的是，因为污水处理过程是正向渗透，与燃料电池相结合就能产生能源。爱德华·尼古拉的新型尿素生物反应器电化学系统（UBE）在生物反应器中能有效地将尿素转化为氨，然后通过燃料电池把氨转化为能量。这个系统可以用于任何含有尿素或氨的废水处理系统。

你们是否像我一样喜欢种植花草？蓝天城污水处理厂还能从废水中收集营养物质，我现在都是用这些营养物质给我的花施肥。

芭比又在她的同学面前转了一圈，她笑着说：“让我们开始吧，蓝色的蓝天城！”

她发给每一位同学一个东西并告诉他们将它绑在“0排放车”的把手上。

米扬笑着向行人喊道：“欢迎！”而芭比和其他人接着高呼：“来到蓝天城！”

70 Years Being Out of the Smog

走出雾霾的 70 年

作者：韦恩

1943 年 7 月 26 日，洛杉矶光化学烟雾事件发生。当时人们想到的“作案者”是市区的一家生产合成橡胶原料丁二烯的工厂，但该工厂被临时关闭后，雾霾并没有减少。随后人们知道，机车、柴油机车、后院焚烧炉、城市垃圾场、锯木厂、废木厂焚烧的垃圾等，都是雾霾的来源。

1948 年，浓雾中的洛杉矶市政中心，只隔一个街区的建筑物都很难看清（Credit: UCLA）

科学家的研究让洛杉矶市民意识到，自己选择的生活方式造成了对自己的毒害，让生活变得更好的新的技术伴随的往往是新的污染，而心爱的汽车就是污染源之一。这时，他们需要很大勇气来面对。

从民意到法规

那时候，政府的监管在面对汽车和石油巨头时往往力不从心，因为新的规范损害了这些人的经济利益。加州政府对汽车装备标准的规定遭到了福特汽车公司等汽车制造商的抵制，而限制汽油中的烯烃最高含量并提倡开发天然气等新型燃料则让石油大亨怒不可遏。

从 20 世纪 70 年代开始，大多数美国民众已经意识到空气污染的严重性。1970 年 4 月 22 日，2000 万民众

The New York Times
NEW YORK, THURSDAY, APRIL 23, 1970
Millions Join Earth Day Observances Across the Natio

1970 年 4 月 23 日，《纽约时报》头版报道了前一天在全美各地举行的大游行

在美国各地举行了声势浩大的游行，呼吁保护环境。这一草根行动最终直达国会山，立法机构开始意识到环境保护的迫切性。后来，这一天被美国政府定为“地球日”。

1970 年，美国环境保护署成立，美国联邦《清洁空气法》也于同年出台。这部法律在后来的环境保护中发挥了关键作用。比如那时候小车和轻型卡车的尾气排放标准规定，氮氧化合物的排放每英里不得高于 3.1 克，也就是说，需要更干净的汽油和更高性能的车。在法律的强制推动下，汽车和石油巨头不得不开始花钱研发新的技术，改造产品，否则法庭会让他们每天交纳 2.5 万美元的罚金，同时还会强加其他的惩罚措施。换句话说，你要么找到遵守法律的途径，要么就关门大吉。

“每年我们都能减少数百万吨的污染物，但同时仍然能保持良好的经济收益。”美国国家环保局(EPA)的罗伯·布伦纳 (Rob Brenner) 说。

法规越来越苛刻。《清洁空气法》最初定位在 6 种“标准污染物”上：铅、一氧化碳、二氧化硫、氮氧化物、悬浮微粒以及地面臭氧。1997 年，美国环保署首次增加了 $PM_{2.5}$ 的标准，要求各州年均值不超过 15 微克 / 米^3，日均值不超过 65 微克 / 米^3。2006 年，$PM_{2.5}$ 的日均值接近 35 微克 / 米^3。

严厉的法规刺激了技术更新，到目前为止，科学家和工程师已经成功地找到了很多创造性的方法，来控制空气污染。

一辆大卡车的尾气污染相当于 150 辆小轿车。2015 年美国政府提出了更严格的卡车燃油效率标准，要求汽车制造商将 2019~2027 年出产卡车的燃油效率提高三分之一。更高燃油效率意味着更低的排放

首先拿汽车开刀

机动车排放的尾气是空气污染物的主要来源之一。和 20 世纪 70 年代早期相比，现在机动车排放的污染物已经减少了 90%。科技是如何做到的呢？

一个主要的革新是，现在的机动车已经改用无铅汽油，这极大地降低了铅的排放量。更新的清洁燃料还能降低其他污染物的排放。在给机动车填充燃料的时候防止燃料蒸发，也能减轻空气污染。

同时，从 20 世纪 70 年代以来，汽车都装配了废气再循环装置，将一些废气送回引擎的燃烧室。废气的含氧量比大气低，二氧化碳含量比大气高，这会降低燃烧温度，抑制氮氧化物（NO_x）的产生。

催化转换器能减少由于汽油不完全燃烧产生的挥发性有机化合物。它可以通过氧化还原反应，将汽车尾气排出的一氧化碳和氮氧化物等有害气体转变为无害的二氧化碳、水和氮气。

开车时，也能帮助降低汽车尾气排放。“将出行安排在一起，这样你就无须一次次重新发动冰冷的引擎了。”布伦纳在美国国家环保局建议道。不要走走停停，也不要让引擎空转太长的时间。虽然不同类型的汽车有不同的要求，但一般来说，“如果停留时间超过 5 分钟，正确的做法是关闭发动机，而不是让它空转。”布伦纳说。

汽车设计的改变对减少污染也起到了很大的作用。混合动力车和电动汽车可以减少汽油的使用量。

过滤和洗涤

从烟囱里涌出来的烟灰都是一些大的悬浮颗粒。为了捕获直径在 10 微米以下的微粒，许多工厂都装备了袋滤室。“让工业废气从一端通过袋滤室，清洁的空气就从另一端出来了。”来自美国俄亥俄州环保局空气污染控制部的

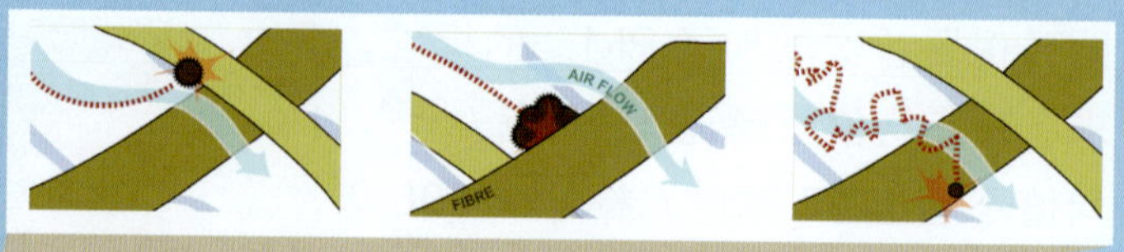

高效滤网（HEPA）能去除通过的气流中 99.97% 的 0.3 微米以上的细颗粒物。高效滤网的过滤材质通常由无规则排布的化学纤维制成，气流中较大的颗粒物会被纤维拦截，或者直接嵌在纤维里。小的颗粒物与气体分子碰撞，会发生类似布朗运动的情况，结果也被纤维捕获

比尔·斯皮尔斯（Bil Spires）解释道。另一种装备是静电除尘器。“先给微尘充上电，然后将它们吸附到收尘板上去。”斯皮尔斯说。

现在我们更关心细颗粒物（$PM_{2.5}$）的问题，因为它们可以直接进入人的肺部。在美国各州都努力达到现行排放标准的同时，美国国家环保局正在计划设定更低的排放标准。新的污染控制技术将不得不面对这个不断变动的目标。

洗涤器能将二氧化硫从排放气体中清除掉。在那些仍然使用高硫燃料的工厂中，洗涤器尤为重要。在洗涤器中，工业废气会通过一种石灰岩，其间发生的化学反应会“留住”二氧化硫，就像咀嚼钙片把胃酸消耗掉那样。该化学反应产生的惰性物质可以被重新利用，变成产品的一部分，或者被扔掉。

选择性催化还原法也是利用化学方法来控制污染的。它能将氮氧化物分解

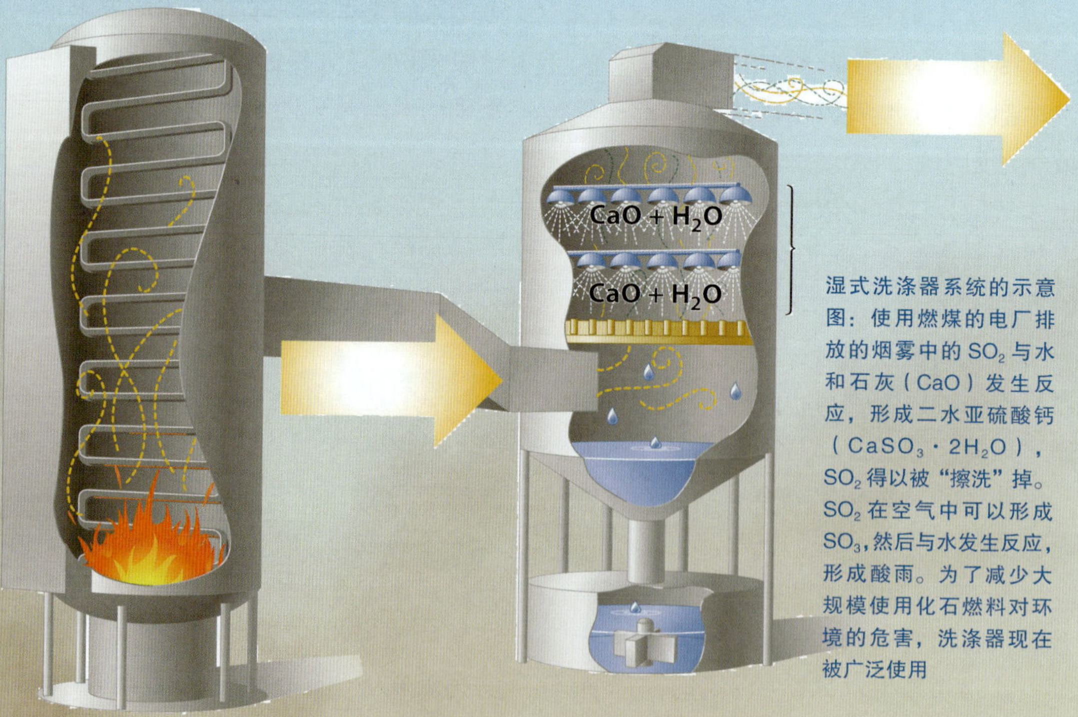

湿式洗涤器系统的示意图：使用燃煤的电厂排放的烟雾中的 SO_2 与水和石灰（CaO）发生反应，形成二水亚硫酸钙（$CaSO_3 \cdot 2H_2O$），SO_2 得以被“擦洗”掉。SO_2 在空气中可以形成 SO_3，然后与水发生反应，形成酸雨。为了减少大规模使用化石燃料对环境的危害，洗涤器现在被广泛使用

盛有“绿色”喷气燃料的锥形瓶，该燃料是从海藻中提取的

为空气的主要成分：氮气和氧气。如果在建筑物表面涂上类似于二氧化钛光催化剂之类的涂层，利用太阳光的能量，可以分解空气中的污染物。

碳吸附和碳注射法也能阻止化学物质污染空气。就像捕蝇纸能抓住昆虫那样，活性炭的表面可以吸附化学物质。同时，科学家也在运用新技术来寻找控制汞、二噁英和其他污染物的方法。

提高能源效率是一个办法，还有一种碳封存技术可以捕获二氧化碳，阻止它逃逸到大气中。

寻找新的燃料

在太阳能、核能、风能和潮汐能之外，全世界都在寻找其他的低污染燃料。植物油和用植物制成的酒精，都是低污染的燃料。微藻是单细胞低等植物，藻细胞中能积累高达50%~70%的油脂，非常容易催化转化成生物柴油，甚至航空燃料。所以微藻生物也是一种新的燃料。每英亩（1英亩=4046.86平方米）藻类一年能出产超过2000加仑的燃料。如果中国广阔的沿海和内地水域大规模种植这些高油藻类，生物柴油的生产规模可以达到数千万吨。

提高燃料利用率是另一种控制污染的策略。更完全、更彻底的燃烧能降低挥发性有机化合物的排放量。在更低或者更平稳的温度下燃烧，能降低氮氧化物的排放量。更高效的生产过程一般会使用更少的燃料，这也能减轻污染。

有一种循环流化床新技术，是将排出的混合物通过分离器，将固体物从气流中分离出来，送回燃烧室，保证燃料和脱硫剂多次循环、反复燃烧和反应，以减少二氧化硫和氧化氮的排放。

有报告显示，《清洁空气法》实施的40多年，美国经济总量翻了两倍，而空气污染却降低了70%。公民意识、立法和科学治理是美国治霾成功的三大利器。

记忆中的海
编绘：蔡艨
人类因为环境的恶化而移居到了云端之上，之后过去了很多年，人们开始怀念曾经的世界，于是便发生了一件事……
这已经是三年前的事了。是关于一个叫630的机器人的故事……
在他死后，人类的法庭判他犯了杀人罪。
海
Sea
然而我不这么认为，我认为他，是的，我称之为“他”。
他比有些人类更像个
他就像匹诺曹，他有坚硬
体和一颗柔软的心。
在他死后，我看到了他备份的记录数据，或者说，我看到了他的记忆。
这就是他，披着破旧的斗篷，想让自己变得不起眼。
但是对机器人来说，这样反而更扎眼了。
630想起了不久前的事……

630是苏的护理机器人，
苏很喜欢跟他说话。
苏也很听630的话。
对于苏的恶作剧，
630也十分配合。
630将自己的程序修改
成了“满足苏的愿望”。
苏问：“这里
能看到大海吗？”
630摇头说：“四
年前就看不到了。”
苏又问：“你见过海？”
630回答：‘没有，
我出厂才两年。”
苏拿出电脑，给
看：“这就是海！”
海
苏说：“海是蓝色的
水，看不到尽头的水。”
一阵喇叭的尖啸声将630从回忆中拉回来……
大喇叭叫喊着：
有一个护理机器人在攻
击人类后逃到了下层区，
他叫630，
找到并抓住他！
下层的城市里喧闹起来，机器人
们大喊着：“抓住630，抓住630！”

"找到了！630在那儿！快抓住他！"
"袭击人类的机器人不允许存在，将他的CPU彻底摧毁！"
"快找630！"
"630在那儿！
"快扫描630的信号！"
630只能跑，他还要去寻找大海，海也许就在城市的尽头……
糟糕的是，巡警机器人也在找他……
巡警机器人是最先进的机器人，它的翅膀可以追630到天涯海角。
630走投无路，逃进一扇门里。
他堵住门，但是很快这里就被包围了。

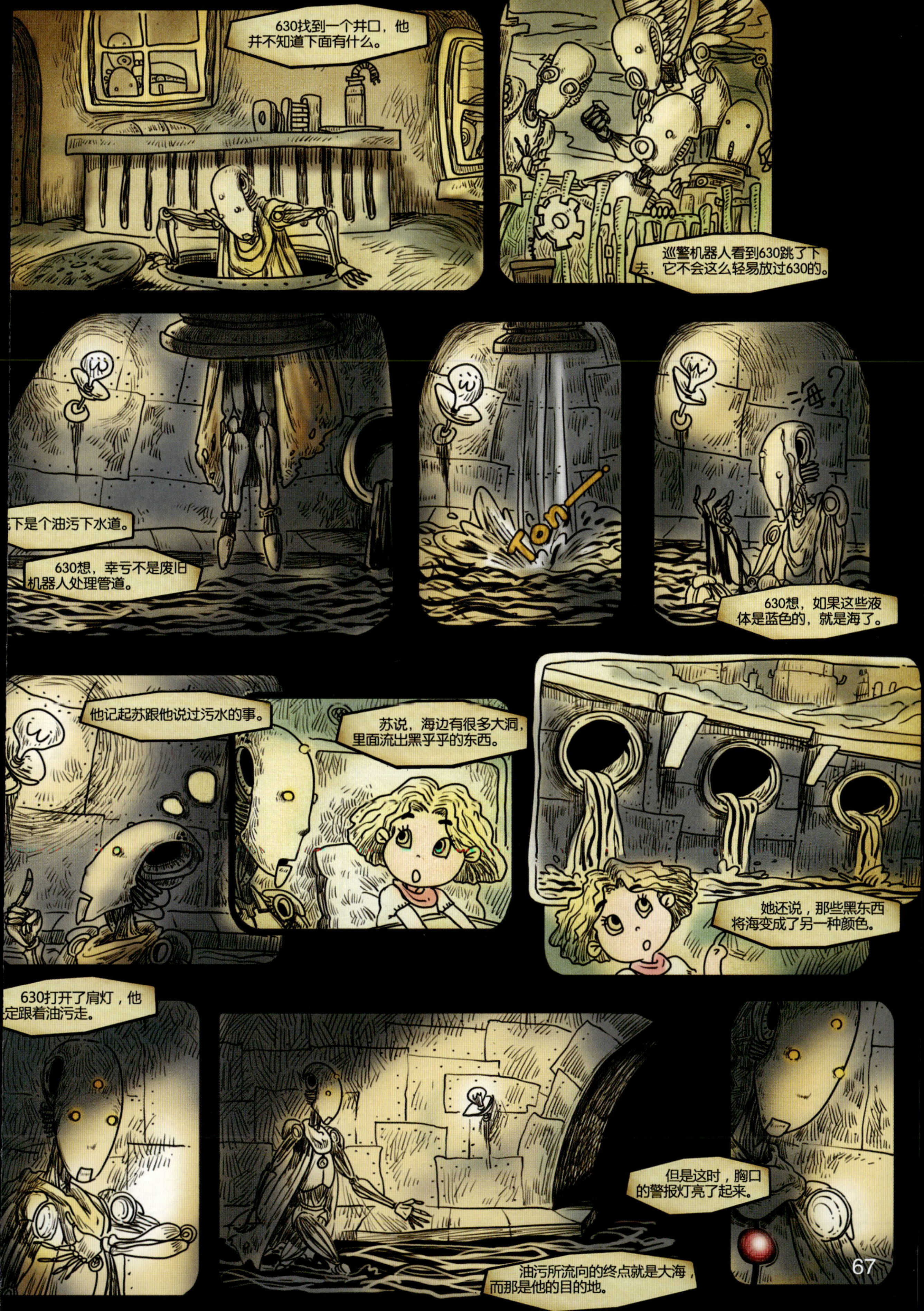
630找到一个井口，他
并不知道下面有什么。
巡警机器人看到630跳了下
去，它不会这么轻易放过630的。
下是个油污下水道。
630想，幸亏不是废旧
机器人处理管道。
Ton
海？
630想，如果这些液
体是蓝色的，就是海了。
他记起苏跟他说过污水的事。
苏说，海边有很多大洞，
里面流出黑乎乎的东西。
她还说，那些黑东西
将海变成了另一种颜色。
630打开了肩灯，他
定跟着油污走。
油污所流向的终点就是大海，
而那是他的目的地。
但是这时，胸口
的警报灯亮了起来。

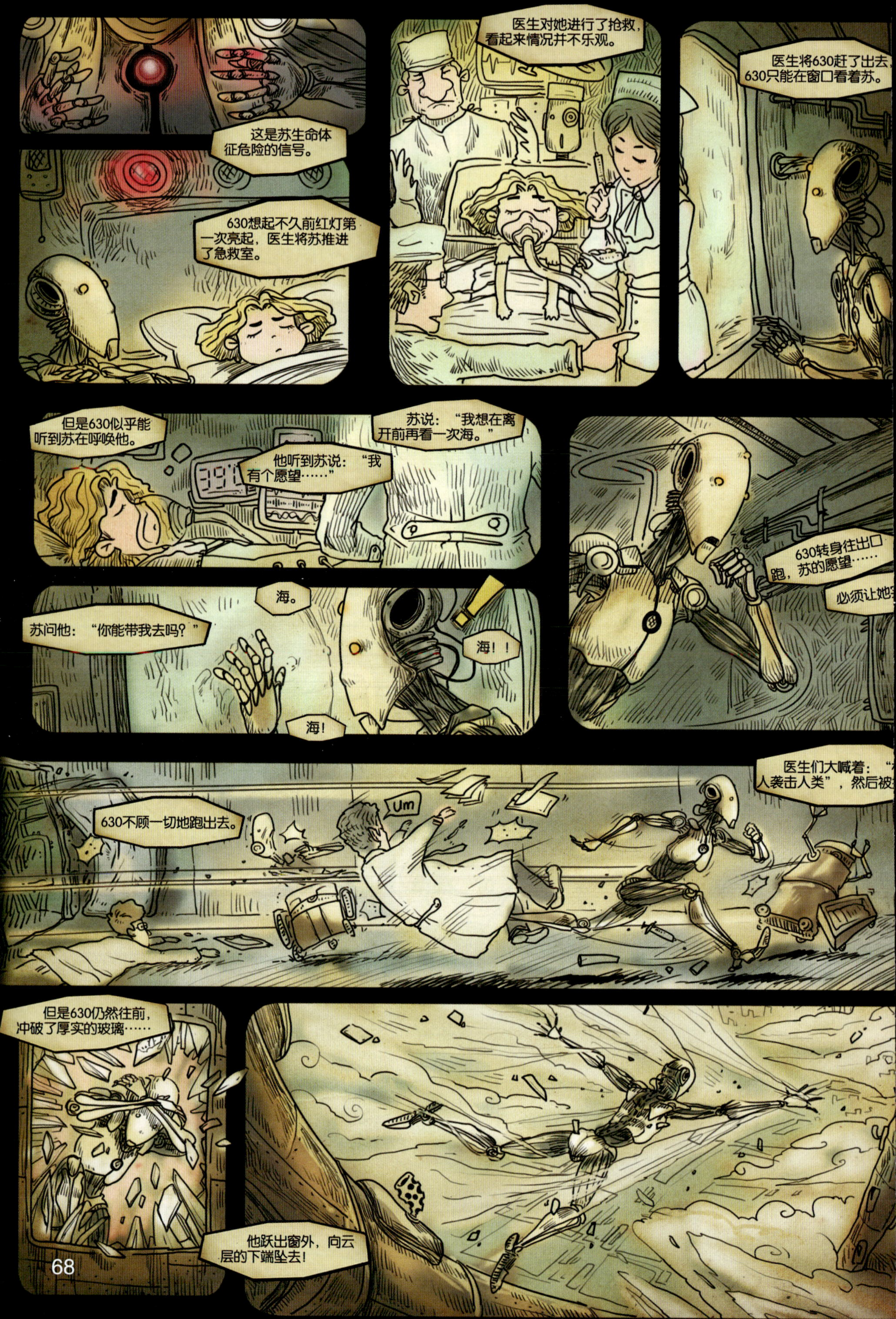
这是苏生命体征危险的信号。
630想起不久前红灯第一次亮起，医生将苏推进了急救室。
医生对她进行了抢救，看起来情况并不乐观。
医生将630赶了出去，630只能在窗口看着苏。
但是630似乎能听到苏在呼唤他。
他听到苏说：“我有个愿望……”
苏说：“我想在离开前再看一次海。”
苏问他：“你能带我去吗？”
海。
海！！
海！
630转身往出口跑，苏的愿望……
必须让她
630不顾一切地跑出去。
Um
医生们大喊着：“
人袭击人类”，然后被
但是630仍然往前，冲破了厚实的玻璃……
他跃出窗外，向云层的下端坠去！

Soui
Hon!
630完好地落在城市下层，城市中弥漫着的雾气成为他的能源。
630披上斗篷来遮蔽自己的型号。
这就是最初的那一幕。
现在，他已经走到了出口……
马上，眼前就会出现……
苏所说的阳光和金色的……
沙滩，还有蔚蓝色的……
海洋？
630看到的是一望无际的污浊。
和挥之不去的肮脏的烟雾。
630知道，苏想看的不是这样的海。
困惑之际，巡警机器人找到了他。
巡警机器人突然袭击并向他宣布了逮捕命令。

巡警机器人问："你为什么要袭击人类，谁给你下的指令？"
630回答："我的目的，只有蓝色的海和白色的云。"
巡警机器人说："这里没有蓝色的海和白色的云，只有肮脏发臭的污水。"
巡警机器人又说："让我看看你的程序吧，它会给我揭示你的目的。"
与630CPU的连接让巡警机器人明白了一切。
巡警机器人对630说："你的指令拥有比我更高的优先级……"
"我将帮助你完成你的使命，达成你的目的，这双翅膀，它应该属于你。"
630接受了巡警机器人的馈赠，不仅是这双翼……
630的眼前是一片蓝色的海洋和白色的云。
巡警机器人释放了自己的核心，这股能量将海水中的污垢和空气中的烟尘燃烧殆尽。
巡警机器人的牺牲让630看到了苏想要看到的海，现在他要让苏也看到。
有了双翼的帮助，630跃至云层之上，向苏的医院飞去。

转眼间，630已经能看到苏所在的医院了。但是630胸前的警报灯早已熄灭。
警报灯熄灭，意味着苏的心脏已经不再跳动……
但是心脏的停摆并不意味着苏彻底死亡。
“嘭”的一声巨响，630撞了进来，撞击毁掉了他的翅膀。
他从手臂中扯出知觉神经……
但是他已经不需要了，他清除掉了挡在他与苏之间的任何障碍……
之后苏看到了什么，我无从知晓，630并没有将其备份下来……
他在苏的大脑死亡前，将其与自己的记忆中枢连接。
但我可以肯定，630满足了苏最后的愿望。
并且，他们面对的是没有污秽，没有一切不美好事物的世界……
一个永恒的，拥有蓝色海洋的世界……
那个苏与630记忆中的海。

Science Seminar: Most Valuable Treasure Hunt

科学课：寻宝游戏

作者：景荣

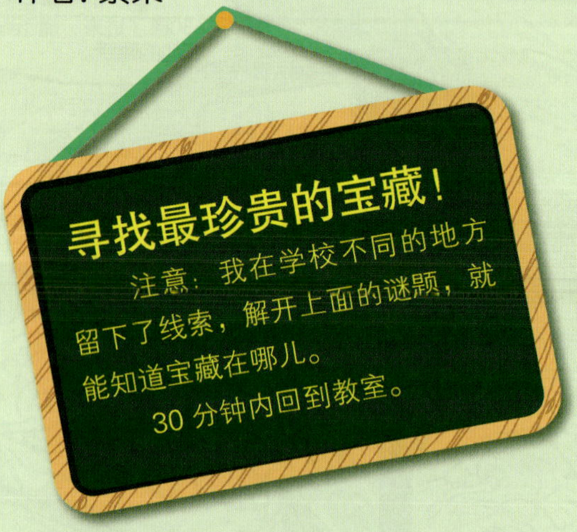

人物：
奥尔嘉老师
泰勒、托玛、艾莉莎和阿尔基

黑板上的字吸引了大家的注意。科学课上课了，奥尔嘉老师却不在。讲台上有两张纸条。

线索 哪一种天空的颜色的英文是以字母“B”开头的？

托玛 这是不是太简单了，肯定是 Blue，蓝色。

艾莉莎 谁都知道这个答案，有机关！

泰勒 还有 Brown，前几天雾霾和沙尘暴，天空都是棕色的。

阿尔基 这算是答案吗？看看另一条线索。

线索 雕像哭了吗？

艾莉莎 这是指大门口咱们老校长的雕像吧？

阿尔基 走，去看看！

泰勒 雕像的眼睛下面黑乎乎的，就像在流泪。那我们的答案就是“是”？

托玛 看雕像下面还有张纸条。

线索 去树旁，看看问题之“根”是否在生长。

托玛 有什么长在树旁边？去看看？

阿尔基 树上果然有东西，这黄黄绿绿的一摊东西是什么？

泰勒 是地衣啦。我小时候经常见，没想到现在还能发现！

艾莉莎 看树下压着一张纸条，新

线索！

线索 叶子病了吗？

托玛 这片叶子上怎么这么多黑斑？是虫子吗？

艾尔莎 虫子不是这样的。像这些蔓延在叶子上的黑斑肯定也不是正常生长过程，记下来吧！

阿尔基 树旁还有一个罐子，还有一张纸条。

线索 黏糊糊的胶体放了三天后，会变成什么颜色？

托玛 我不知道，会变浑浊吗？咱们把这个罐子带回去吧。

泰勒 30 分钟快到了，咱们赶快回去。

教室里，奥尔嘉老师已经等候多时了。

奥尔嘉老师 看看你们都发现了什么？

艾莉莎 我们找到了提示的答案，但是它们有什么关联呢？

奥尔嘉老师 你们刚才亲自考察了学校的大气和污染物情况。

泰勒 我知道了，老校长雕像眼睛下面的黑色污渍是腐蚀，是酸雨造成的。

奥尔嘉老师 工厂排出的烟雾和汽车尾气中含有二氧化硫，进入空气后，与空气中的水汽反应形成酸雨。你们都记得吧？酸雨落在地面，与建筑物或纪念碑的石头发生化学反应，比如，老校长雕像用的大理石中的碳酸钙和硫酸接触会生成石膏，长年累月，有的雕像甚至连脸和鼻子都不清楚了。

艾莉莎 是，酸雨对钢铁和油漆表面也有影响。那么，棕色的天空就是指颗粒物污染了？

奥尔嘉老师 没错。天空的颜色是太阳光经由空气中的颗粒散射造成。像氧气分子这样的微小颗粒散射波长较短的光，比如太阳光中蓝色光部分。但是，空气中的挥发性有机化合物等污染物，它们的颗粒大一些，能散射波长较长的光，比如太阳光中红色光部分。这样，天空看上去就会呈现棕红色或褐红色。

托玛 叶子是怎么生病的呢？

奥尔嘉老师 你们在树叶上发现的黑斑，如果不是真菌，就可能是“褪绿病”，这往往是臭氧进入对流层后造成的。叶子是一种生物指标，因为一些植

物和动物在特定的环境中会发生变化，所以可以根据它们监控环境和生态系统是否健康。

阿尔基 我们周围的空气可真不怎么样，有雾霾，有臭氧，还有酸雨。

奥尔嘉老师 别忘了你们发现的地衣。地衣也是一种生物指标。地衣是真菌和藻类组合在一起的共生体，它们对二氧化硫非常敏感。空气中的硫能阻碍它们进行光合作用。如果地衣又重新在树旁生长，可能是因为工厂搬迁、烟囱用了净化器、汽车都加了三元催化剂，使得空气中的二氧化硫浓度降低了。

艾莉莎 就是说我们周围的空气还在改善，老校长的脸不会越来越模糊了！

泰勒 哈哈，奥尔嘉老师，那黏糊糊的东西是怎么回事呢？

奥尔嘉老师 实际上，环境科学家使用像凡士林这样的工具来收集空气中的污染物做取样研究。这个过程叫“吸收”，也就是接触性采集。你们拿到的凡士林罐就是这样一个收集器，也是一项家庭作业，考察你们家周围的空气情况，然后做一个污染物收集器。

托玛 那就是用我们今天了解的几个工具了，看来即使不用华丽的工具，我们也能发现空气污染！

奥尔嘉老师 对。当然，精确的测量离不开精密的仪器，不过，我们周围的建筑、树木等都是非常好的污染监测仪，它们可以告诉我们空气中存在什么样的污染物。

艾莉莎 老师，等等！我们寻找的宝藏呢？

泰勒 难道是看不见、摸不到的空气？

奥尔嘉老师 是。干净的空气是我们最珍贵的宝藏！

自制污染物检测表

先寻找你身边的污染物指标，包括建筑和植物等，然后根据它们的状况，确定是否存在空气污染物，为居住环境的空气质量打分。

运用规律：

1. 雕像或建筑有黑渍、变暗、受侵蚀，空气存在硫化物，形成酸雨，空气质量（－）。

2. 地衣和空气中的硫化物含量相关。它长得好，说明空气硫化物含量低，空气质量（＋）。

   你还可以进一步观察，浓密的地衣需要特别干净的空气，叶状地衣允许空气有少量污染物，硬皮状地衣说明空气中污染物较多，没有地衣常常显示二氧化硫污染严重。

3. 树叶变黄、常绿植物的针叶掉落，说明臭氧来到了地面，空气质量（－）。

4. 天空中出现褐色的霾 / 烟雾，往往存在 $PM_{2.5}$、臭氧、氮氧化物等，空气质量（－）。

   你还可以用凡士林做成收集器，进一步观察空气质量好坏。

Measurement of Ozone

自制凡士林检测仪

实验目的

检测某特定区域空气中杂质颗粒的含量。

所需时间

约 1 周。

需要的材料

★ 1 张白色硬纸片　★ 1 把剪刀　★ 1 盒凡士林

★ 1 根细绳　★ 1 个打孔器　★ 1 个放大镜

★ 1 支记号笔　★ 1 个笔记本

实验步骤：

1. 找一个可以悬挂许多硬纸片的地方，比如说房间内或者花园里。

2. 将白色硬纸片用剪刀剪成许多方形纸片。

3. 在每张方形纸片上用记号笔画一个比纸片稍小的方框。

4. 在每张纸片的方框内涂上一层薄薄的凡士林。

5. 在每张纸片上方打一个孔，用细绳把它们分别悬挂在你想要检测的地方，并做好标记，同时记录在笔记本上。

6. 一周后，收集这些纸片。

注意：在给纸片打孔时要注意安全，可以让爸爸妈妈帮你。你也可以让他们帮你把这些纸片悬挂在比较高的地方，以免打扰到日常生活。

观察：使用放大镜观察收集到的纸片，数一数沾在方框内凡士林薄层上的颗粒数量，并在笔记本上做好记录。

实验结果：你会发现一些颗粒物沾到了这些纸片上，它们的数量多吗？你选择的检测位置会不会影响实验结果？如果选择一个污染较严重的地方进行试验，你认为结果会怎样？空气中的颗粒物会影响空气质量和我们的呼吸吗？

空气质量监测卡			
监测物	状态	空气污染物	评价
天空的颜色			
树叶			
雕像或建筑			
地衣			
凡士林			

Climate Pollutant

气候的污染物

作者: 谷之 米丝迪

二氧化碳不是大气污染物，它在大气中存在，植物依赖它生成氧气，我们喝的苏打水里也有它。但是，二氧化碳却是温室效应的主谋。它可以在大气中稳定地游荡数十年，直接影响地球的气候变化。

太阳能量和地球气候

地球生命依赖现在的大气层，它可供生命体呼吸，同时也能防寒保暖。

地球表面和大气层的温度相对较低，它们本身并不产热，而是依赖太阳的能量。阳光到达地球的大气层顶部的平均量只有太阳总辐照度的四分之一，大约是 340 瓦 / 米 ^{2}。并非所有能量都被地球吸收。射到地球上的阳光约有 29% 被大气或地面明亮物质（如冰雪）反射回太空，约 71% 被大气层（约占 23%）和土地（约占 48%）吸收。因此，一年中，地球实际上平均吸收大约 240 瓦 / 米 ^{2} 的太阳能。240 瓦 / 米 ^{2} 的辐照度有多热？大概相当于你在 10 平方米的卧室中点亮 24 盏 100 瓦的白炽灯，那是够热的吧。如果这样，希腊神话中的法厄同造成的灾难不是要发生吗？

别担心，地球上的气候是一个太阳供给能量的系统。什么是系统？想想你自己，如果你热了怎么办，手摇一把扇子，走到阴凉的地方，再喝些冷饮。怎么样？这样凉快多了吧。你这一系列活动就是一个纳凉系统。同样，气候系统也是通过各种方式的调节使得地球上的温度不至于过高或过低。

因为地球是球体，热量分布是有差异的。在赤道地区，能量是净盈余的，因为赤道地区吸收的太阳能量大于地球热辐射到太空的能量。而在极地地区，能量的支出是赤字的，因为在极地地区，地球热辐射到空间的能量大于其吸收的太阳能量。大气和海洋环流在赤道和两极之间驱动着各种能量重新分配，把能量多余地方的能量输送到能量不足的地方，气候科学家将其描述为“引擎”。在日常生活中，引擎通常会让我们联想到汽车的发动机，但在科学的定义里，引擎是指系统的能量转换，这种能量的转换主要是通过大气和海洋环流的流动实现的。水的蒸发、对流、降雨、风和洋流都是地球上这部热动力引擎的组成部分。通过这个气候系统多方面的协同作用，使得地球上的能量处于收支平衡。

地球的太阳能量收支

要了解地球气候系统的能量收支平衡，必须考虑三个层面：一是地球大气层的边缘，阳光从那里进入；二是大气层，能量在那里交换；三是地球表面，大部分的太阳能在那里转化为热量。看看下面这张能量收支平衡图，我们会发现，左侧黄色代表进入的太阳能，在 100% 的太阳能中，约有 29% 通过大气（23%）和地表（7%）被反射回太空。剩余 71% 分别被大气（23%）和陆地（48%）吸收。“空气在颤抖，仿佛大地在燃烧”，这句电影台词用来形容此刻的地球状况非常合适。是的，一定要支出约 48% 的能量才能维持平衡，才能让空气和大地凉爽。那我们来算算红色代表的能量支出情况，有相当于入射太阳能量 5.4% 的能量通过对流支出，有相当于入射太阳能量 25.4% 的能量通过水蒸发到云层，有相当于入射太阳能量 117% 的能量通过地表的热辐射支出。问题来了，热量支出超了，5.4% 加 25.4% 再加上 117% 等

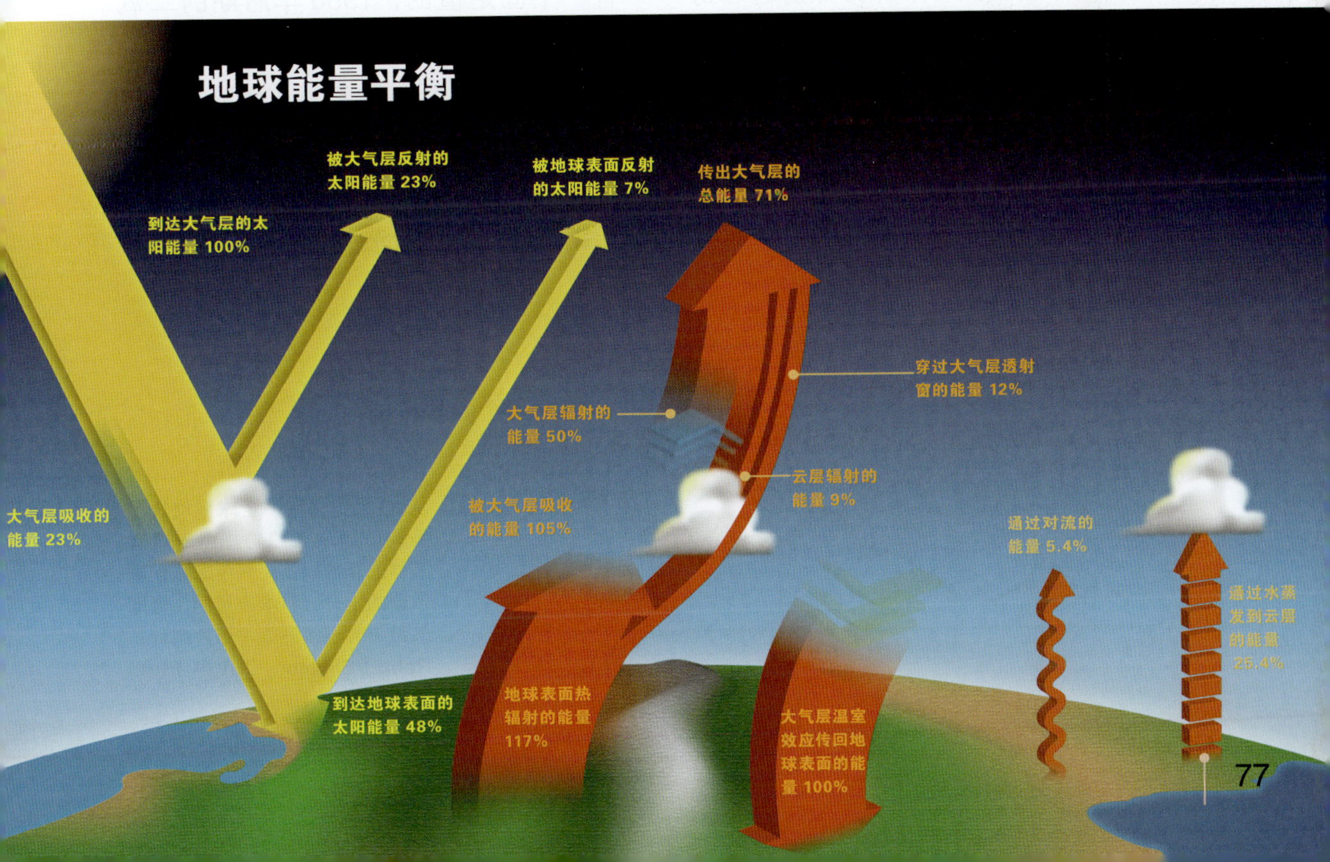

于147.8%，比吸收的热量48%多支出了99.8%。这里一个热门词就出现了——温室效应，就是说，从地球表面输送到大气层中的能量，并不是全部穿过大气层进入太空，而是有相当大的部分被大气中的温室气体保留，并输送回地表，这部分能量大约是入射太阳能量的100%，这就约等于我们前面所说的多支出的99.8%。这样，热量的总吸收就与总支出接近，气候系统的能量收支处于基本平衡状态。

为什么会有温室效应？阳光和地球辐射的热红外线是可以穿透大气中的主要气体（氮气和氧气）的，但却很难穿透大气中的二氧化碳、甲烷、水蒸气等其他微量气体。这些能阻挡热红外线的气体被称作“温室气体”。温室气体分子不断地吸收热红外能量，并将热量向各个方向发散，在海拔5～6千米以上，因温室气体密度低，小部分热量逃逸到太空，但大部分热量回到地表，这就是温室效应。我们知道，来自太阳的能量是固定的（因为地球接收的太阳能主要取决于地球与太阳之间的距离），而温室气体总量必须保持不变，才能确保地表的温度处于平衡状态。实际情况是，地球大气层正在遭受破坏，温室气体的总量正在递增。

攀升的二氧化碳浓度

在温室气体中，水蒸气是最主要的。但是，由于水蒸气可以凝结成水滴，因此大气中的水蒸气含量基本稳定，不会因为累积而造成明显的温室效应。所以，在讨论温室气体的时候不用考虑水蒸气。臭氧可以吸收太阳光中的紫外线转为其他化学物质，也不是导致全球变暖的元凶。于是，二氧化碳成了温室效应的“主谋”。

查尔斯·基林（Charles Keeling）教授在美国加州理工大学做博士后期间，偶然接触到测量二氧化碳浓度的课题，便一发而不可收。他发现，在很广泛的区域内，大气中二氧化碳的含量是有一个固定值的，1950年后期的二氧化碳浓度大约是310ppm（0.031%）。

基林教授还发现二氧化碳的浓度与季节有关，并呈现周期性变化：从3月到5月，二氧化碳浓度持续上升，而后开始下降，9月份达到低谷后又开始上

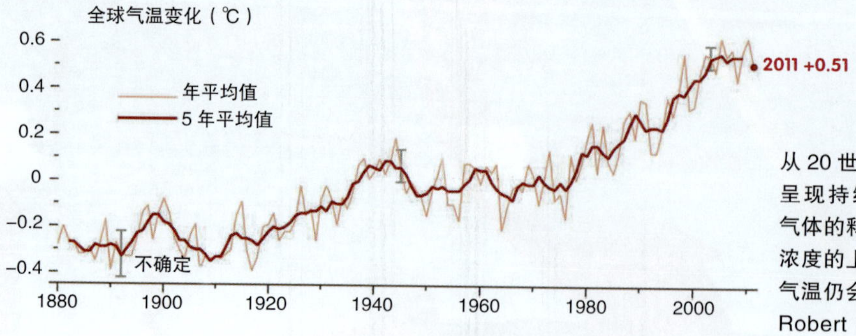

从20世纪开始，全球平均气温呈现持续增长趋势。由于温室气体的释放以及大气中二氧化碳浓度的上升，科学家预测，全球气温仍会继续升高（图片来源：Robert Simmon，NASA Earth Observatory）

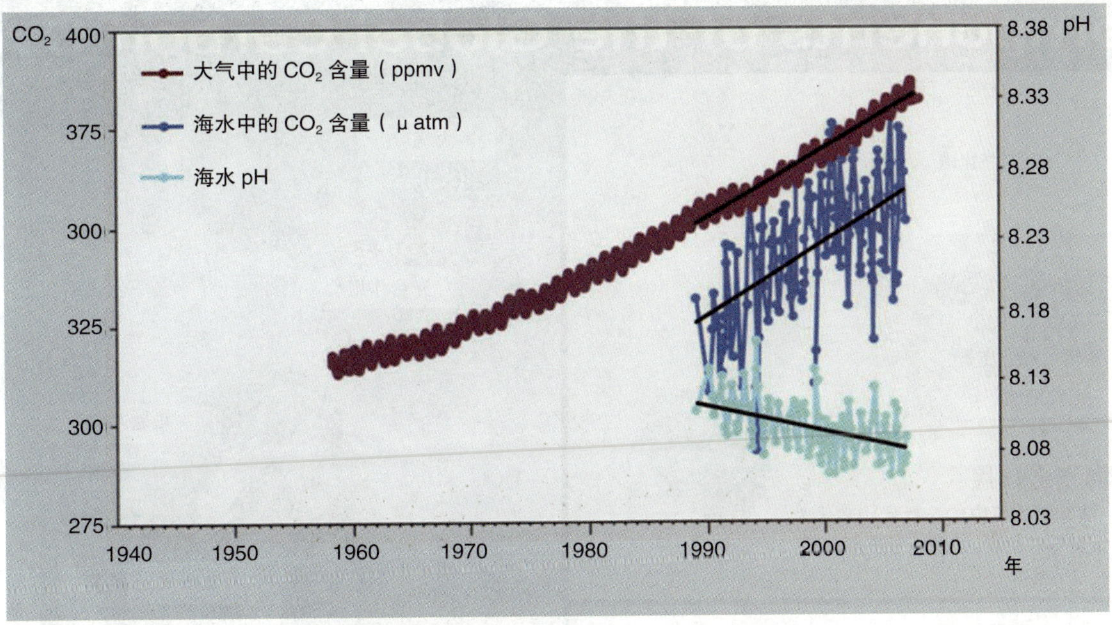

自有记录以来，大气中的二氧化碳浓度呈逐年增长趋势，海洋中的二氧化碳浓度也在逐年上升，随之而来的是海水 pH 的下降。图中海水数据来源于夏威夷海岸（图片来源：NOAA PMEL Carbon Program）

升。通过研究，他意识到这个规律与北半球的植物有关。春季植物叶子增多，光合作用增强，二氧化碳浓度就会降低，而秋天植物开始落叶，光合作用减弱，二氧化碳浓度便上升。与北半球相比，南半球的植被较少，因此二氧化碳浓度变化的规律性小。

早在 20 世纪 50 年代，就有人指出大气中的二氧化碳浓度在上升。虽然因当时测量数据不准确，很多人提出了异议，但还是引起了基林教授的关注。1961 年，通过比较新数据与自己早期的测量数据，基林教授发现二氧化碳浓度已经略微有了上升。到了 20 世纪 60 年代后期，二氧化碳浓度明显升高，并且呈快速增长趋势。

是什么原因导致二氧化碳浓度升高呢？从 1949 年到 1969 年，人类开始燃烧化石燃料以获得能量，产生了大量的二氧化碳，导致大气中二氧化碳浓度升高。大多数科学家认为，二氧化碳浓度升高是人为因素造成的，燃料燃烧、化学品的使用以及气体的合成等破坏性行为，使温室气体尤其是二氧化碳的浓度升高，并导致大气层发生变化。

为了找出人为因素造成二氧化碳浓度升高的证据，我们要进入一个圈子，这个圈子被称为“碳循环”。

碳循环是碳在地球上各个位置之间的运动。在地球的每个地方都能发现碳。从你走过的地面，到你呼吸的空气，以及你游泳的湖泊和海洋，碳循环依赖地球各个部分——水圈、岩石圈、大气层以及生物圈——的相互作用，科学证据显示，我们今天所看到的碳循环已经持续发生了 20 多亿年。

人类活动真的能对如此庞大的碳循环造成影响吗？进入工业时代后，人

地球的碳循环

Components of the Global Carbon Cycle

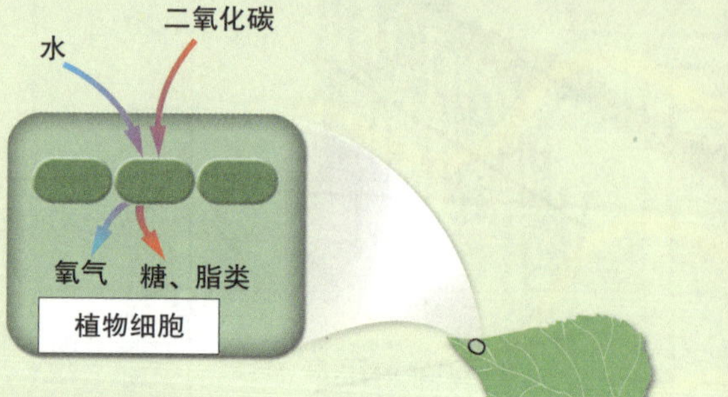

植物光合作用

植物将大气中的二氧化碳转化为糖、脂类等有机物，并最终形成生物质。

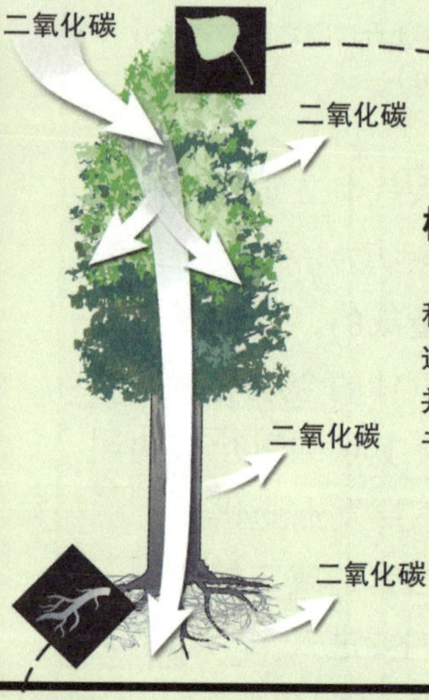

植物体内碳的流动

植物体内的调控网络和生物化学途径使植物通过呼吸作用释放二氧化碳，并通过光合作用将碳累积于植物的根、茎、叶中。

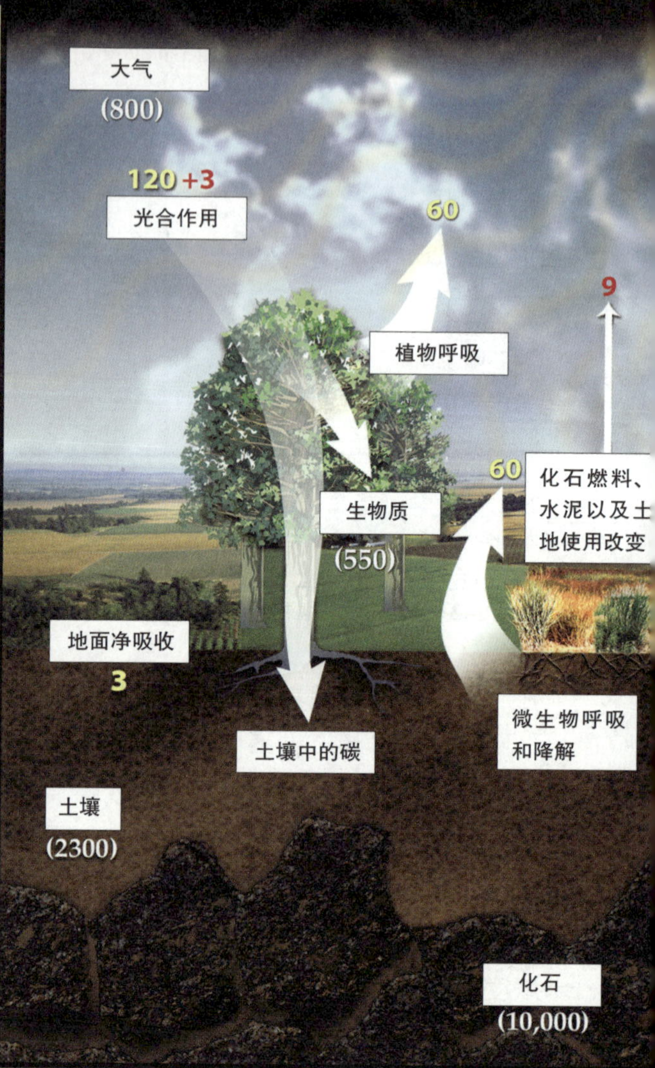

根与微生物的关系

植物根系与土壤微生物之间发生化学物质的交换，从而影响根的营养和水分流动、植物的生长以及土壤中的碳含量。

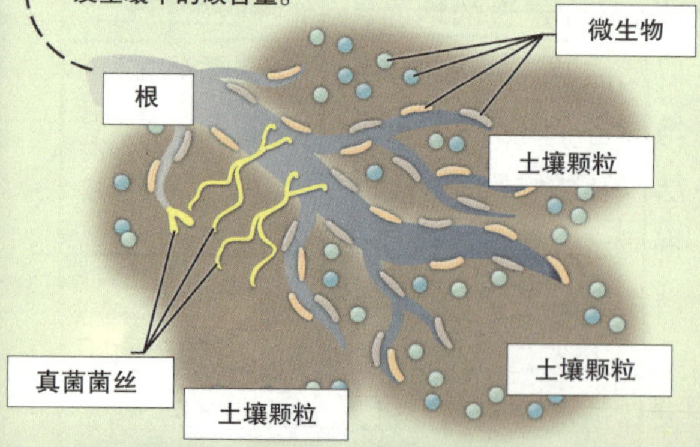

微生物呼吸和降解

微生物可以降解植物遗骸（腐烂的根、茎、叶），最终把它们转化为有机物、无机营养成分（如氮、磷），以及二氧化碳。

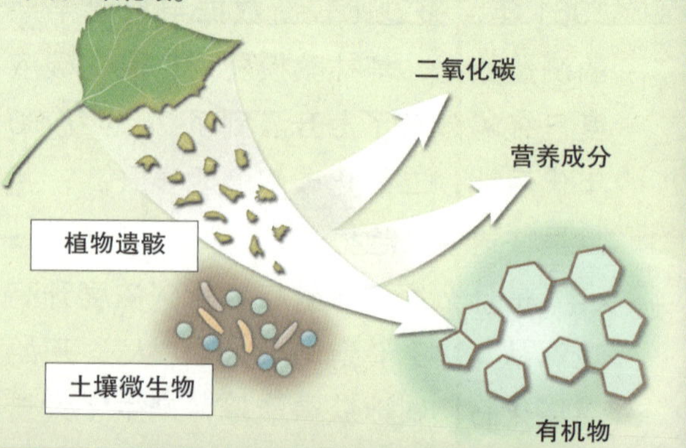

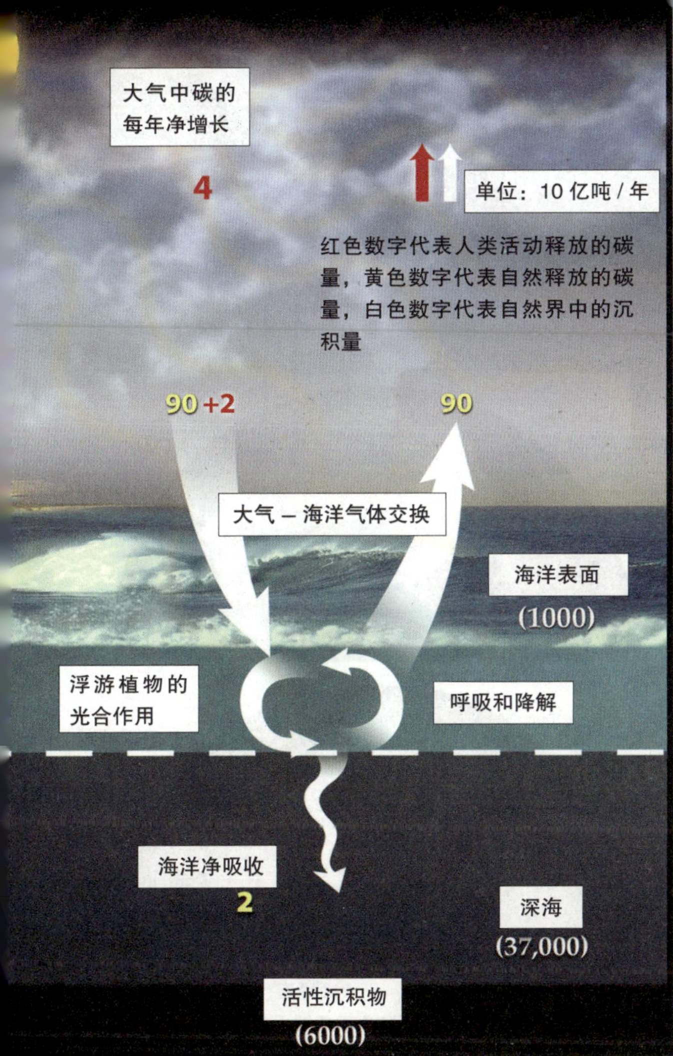

浮游植物的光合作用

藻类与光和细菌是海洋食物链的基础，它们将海洋中溶解的二氧化碳转换为组成活细胞的有机物。

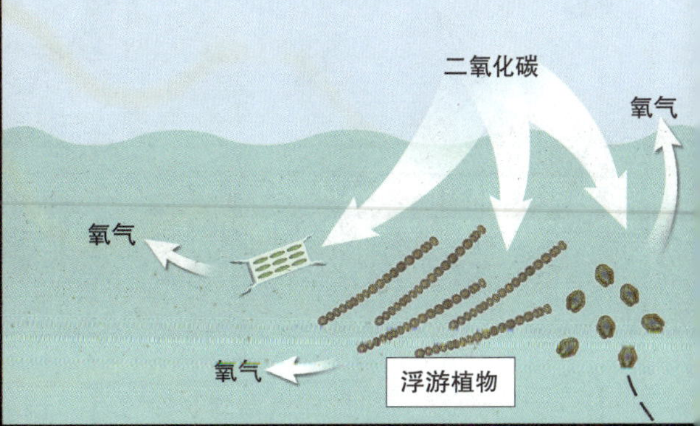

海洋生物呼吸产生二氧化碳

海洋动物通过呼吸作用消耗浮游植物固定的碳元素，并释放二氧化碳。

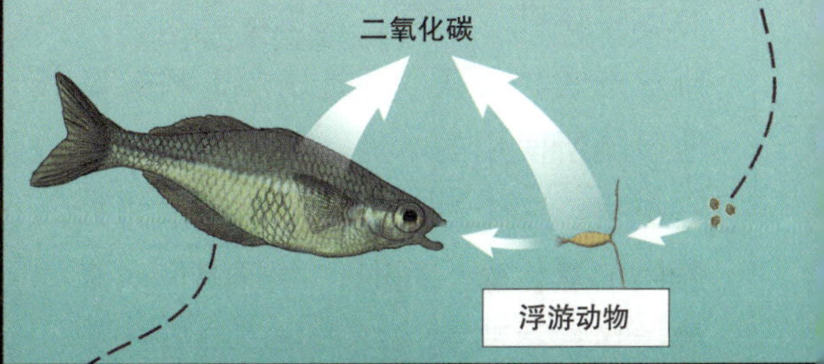

海底碳的分解和沉积

微生物将死去的生物分解，产生二氧化碳和可溶性营养成分，这些营养成分可以被其他海洋生物再度利用。一小部分有机质（包括死去的生物遗骸、球石藻壳层、粪粒）形成了不容易降解的小颗粒（海雪）沉积于海底。

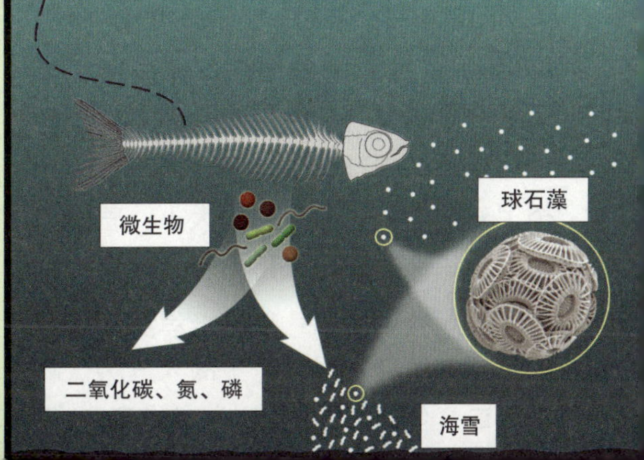

土壤有机质的形成

微生物释放的许多种酶，都可以将植物遗骸转化成土壤有机质。土壤有机质有着不同的结构，它们在土壤中的滞留时间也各不相同。

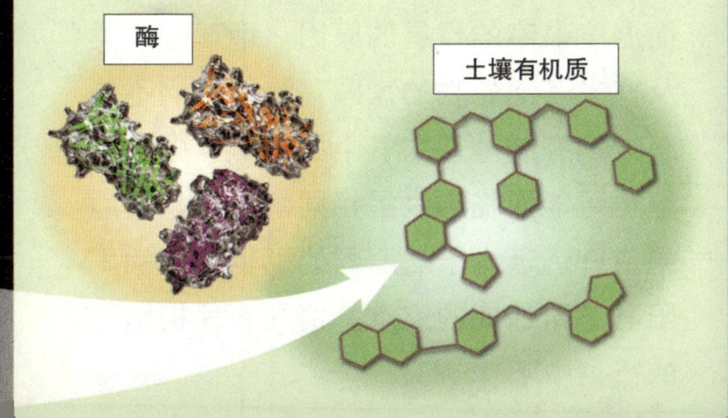

全球变暖导致极地冰川融化，北极熊正在面临失去家园的威胁

从这两幅图你可以看到，北冰洋最厚、最古老的常年海冰 1984 年到 2012 年间在不断缩小。这些多年冰可以熬过周期的夏季融化期，在冬天又有新的冰形成，而老冰的萎缩使北冰洋的冰更加脆弱（图片来源：NASA）

们把存储在地底下几千万年甚至几亿年之久的碳都挖了出来，它们就是人们生活和交通中使用的化石燃料。化石燃料通过燃烧进入大气，这也是最主要的碳排放形式。要获取建造房屋、桥梁及其他设施所使用的水泥，需要煅烧大量的石灰岩，这个过程也会向大气中排入大量的二氧化碳。同时，由于人们对森林的破坏日益严重，几十年、几百年来，在大自然中固定的二氧化碳也很快被释放出来。有数据显示，截至 2013 年 5 月，地球大气层中的二氧化碳浓度曾一度超过 400ppm，而从 2000 年到 2009 年的 10 年间，二氧化碳浓度以每年 2.0ppm 的速率不断增加，而且增长率呈上升趋势。

金星，曾被称为地球在太阳系的一个“双胞胎”，因为它的大小、质量和密度都与地球非常接近，可是与地球宜人生存的环境不同，金星上是一片荒芜的景象。研究发现，金星的大气层被高浓度二氧化碳所笼罩。科学家推测，“失控的温室效应”是金星成为太阳系中表面温度最高的行星的原因。地球是人类及许多其他生物的家园，如果我们不能有效地控制地球大气中的二氧化碳，地球也可能面临与金星相同的命运，其后果或许远远大于法厄同的那辆失控的太阳马车所造成的灾难。请加入保护地球的行列中吧！

现实的世界是有限度的，想象的世界是无涯的。

——卢梭

My Halloween Night

我的万圣节之夜

作者: 埃米尔·奥斯特洛夫斯基（Emil Ostrovski）
译者: 戴美玲
绘者: 谢亮

这真的与光剑无关。

这一点老妈就是不明白。

昨天，老妈问我想不想在万圣节扮演《星球大战》里的绝地武士。

我说:“老妈，我又不是五岁小孩。”

老妈耸耸肩，接着说:“我在想，我们俩可以一起扮演绝地武士。”

“妈，”我看老妈显然没明白我的意思，不得不把刚才的话重复一遍，“我已经不是五岁小孩了。”

“好吧。我只是觉得扮演绝地武士一定很好玩，就像我们以前打保龄球一样，你还记得吗？”

“不记得了。”我故意撒了个谎。

有好几年时间，几乎每个周末，我们都会去打保龄球。而且，我们总是挨着球道护栏打。老妈会从自动售货机上买一堆她所谓的“及时行乐食品”：炸薯条、比萨、糖果和超大瓶的汽水。每局间隙，老妈会让我玩一玩街机。就这样，我第一次接触到了《星球大战》。在这个游戏里，需要驾驶X翼战机和反重力机车，与帝国突击队正面交战，甚至要与达斯·维达决斗。

决斗部分其实十分邪恶。

老妈会想方设法指点我该怎么玩。“凯尔，你看，他放卫兵下来其实是个陷阱。”

“老妈，那不是陷阱，就是为了让我打他。”

“凯尔，听我的，就是陷阱。这种事我清楚。”

“不，你不清楚。”

可是，那的确是个陷阱。

后来我发现这个游戏是根据多部电影开发出来的，就不停地跟老妈唠叨，直到她带我去一个好莱坞影碟出租店，我们一口气把所有相关的影碟都租了下来。我还拿了一张《终结者2》，因为我特喜欢其中的一个情节，在这个情节里，阿诺德说：“我会回来的。”

出租店的收银员是一个秃头的中年男人，他朝我们傻里傻气地微笑着，问：“这是要举行电影马拉松吗，啊？”他的胸牌上写着伯特。

老妈笑着回答：“你怎么会这么想

呢？”

回家的路上，我问老妈是不是想跟伯特在一起。老妈差点撞到开在我们前面的货车上。

“什么？”

“只要你不和他结婚就没关系。”我向老妈保证。

“宝贝，”老妈说，“第一，你花了太多时间上网。”

“没有。”

“就有。”老妈接着说，“第二，我很高兴得到了你的许可，但是我对伯特没兴趣。其实，我对任何人都没兴趣。”

“好吧，随便你吧。”我说。

显然，老妈不想得到我的帮助，我也不想得到她的帮助，这就是为什么我从来没有向她提起过托比和约翰的原因。去年，我曾和他们一起吃午饭。今年，我已经不和他们来往了，他们总叫我凯利。他们问我喜欢谁，我说谁都不喜欢，他们就问：“难道你喜欢男孩？”我说：“不是，我谁都不喜欢。”实际上，我喜欢阿兰娜·波特曼。她不是六年级最漂亮的女生，但是民主投票结果显示，她名列前五。如果我告诉托比和约翰我喜欢她，阿兰娜就会知道，可能在当天就把我给灭了。

去年，为了躲开托比和约翰，我干脆不吃午餐，而是去电脑室或图书馆。我看文章、查邮件，在讨论政治的成人论坛上发帖，甚至会参加他们的政治论战，尽管我连政治是什么都不知道。更准确地说，我只知道政治和政府啦，福利啦，和很多写有怪异内容的怨气冲天的海报有关。今年可就没那么方便了。我的老师亚当夫人有时不允许我离开课间休息区 。幸运的是，每次当她发现的时候，我通常恰好已经在我自己的论坛上发完帖了。现在，我已经有了自己的论坛。今年夏天，我看了一篇文章，文章是一位“PHD”——就是博士以及诸如此类的人写的，不过他是个真的而且还活着的博士。看完后我就创立了自己的论坛。这位博士在文章中提到，如果你想做一把真正的光剑，你得弄一块磁场，然后在磁场里灌满等离子体，他说的等离子体其实就是电离的气体，这才是真正的光剑！

那天下午，我的论坛“reallightsaberz.proboards23.com”诞生了。

我给论坛分了不同的板块：

WELCOME 欢迎
REAL LIGHTSABERS 真实光剑
REAL SPACE 真实空间
POLITICS 政治
OFF-TOPIC 闲聊
GOALS AND ACCOMPLISHMENTS 目标与成就

“凡里克王”是我的军师，也是我最要好的朋友。关于约翰和托比的事情，我只告诉过他一个人。他是超级版主，我是管理员。我的用户名是“上帝”。我们论坛的一个成员不喜欢这个名字，于是我让“凡里克王”把他的 IP 给禁了。“凡里克王”比我大几岁，胖胖的。他喜欢给我发视频网站的链接，让我观看他用木刀破坏东西的视频。有一次，一群人在视频网站的评论里叫他“胖子”，还说他是“皮尔斯伯利面团宝宝”。我帮“凡里克王”回击他们。我告诉那些人，肥胖是一种病，我希望不久后的一天他们所有人都得这种病。第二天，“凡里克王”给我发了一条私信：“你是我的好哥们儿。如果你想让我帮你干掉谁，我会玩命的。”

老妈知道我的论坛，她假装内行，但是却会问些很好笑的问题：“你需要真正的光剑干什么？”

我告诉她：“光剑就是一个象征。”

她问：“什么象征？”

我毫不犹豫地回答：“自由的象征。”

她接着问：“难道你现在觉得很受压迫吗？”然后，她就笑了起来。

我用“毋庸置疑”回答了她，这个词是我从“月升网国”那里学到的，他是我网站的一个网民，正在建一座发电站，为我们真正的等离子光剑提供动力，但是这座发电站不需要像一座房子那么大。他说，秘密就在于“核聚变”，这种东西将“让我们摆脱对不可再生能源产生的可恶的麻醉剂般的依赖，预示着人类历史黄金时代的黎明即将到来，这一历史因与等离子剑之间的超自然对话而永不磨灭”。

今天在学校，我没能逃离课间休息区。亚当夫人说需要“用新鲜空气把我聪明的小脑袋瓜好好洗一洗”，我倒希望她能洗一下她自己的脑袋——放我去图书馆就行。要不是她让我出去，我就不会站在操场边上，他们也不会看到我了。

皮尔斯伯利面团宝宝是美国贝氏堡公司在20世纪60年代推出的玩具。它全身雪白，模样可爱，脸上有闪亮的蓝眼睛及可爱的笑容，头戴厨师高帽。它像芭比娃娃一样拥有自己的生活，而面团宝宝最大的一个特点就是：软弱。

“凯利，好久不见啊！”约翰咧着嘴说。

“久得好像你不喜欢我们一样。”托比说。身边的约翰笑了起来。

约翰和托比都比我高，体育也比我好。托比可以做12个引体向上，我只能做4个，还不停地放屁。

“你们俩站在操场那头的时候我倒是喜欢你们的。”我说。

他们俩交换了一下眼神。

“凯利可真幽默！”约翰说，“看来他长本事了！”他用一只胳膊抱着我的肩膀，就像我们是朋友一样。我以为他们很快就会罢手的，没想到约翰接着说：“不，是盯上阿兰娜了！”我真想给他一拳，真想给他们俩一人一拳，要他们赶紧走开。看来在游戏里当英雄要容易得多。

“显而易见嘛。”托比说。

“我们曾叫她跟你出去玩，就像只是好朋友一样，但是她说她不喜欢没种的小家伙。”约翰说。

“我不喜欢阿兰娜，我谁都不喜欢。”我告诉他们。

“很好，凯利，因为她是我的妞。”约翰说。

“你知道‘我的妞’是什么意思吗？”托比问道。

“知道。”我撒了个谎，试着走开，但是他们不让我走。

约翰将他的手伸到我的面前，说：“就是她是我的。阿兰娜是我的。对吧，托比？”

托比犹豫了一下，他比约翰稍微好一点。我以为他可能会让我走，结果他说：“确实。”

“不会的。”我说话的声音有点发抖，因为现在是二对一的局面，而且他们比我个头大，体育比我好，托比能做12个引体向上，而我只能做4个。

“好吧，凯利，我们放你走。”约翰说，“我保证。就一个问题，你只用回答一个问题，怎样？”

我不吭声。

“行吗？”约翰提高了声调。

“行！”我只好答应。

“你是胆小鬼还是傻帽？”

托比得意地傻笑着。

“我不是——”

约翰打断了我的话：“快选！选！”

“我不——”我再次回答。

“选！”约翰重复着。

“傻帽！”我说。

他们窃笑着走开了。过了几分钟，上课铃响了。课间休息结束了，我只想回家。

放学回到家，我第一件事就是查看论坛，看看有没有新帖。我看到“凡里克王”在“目标与成就”板块发起了一个新的话题。

学会搅乱等离子体物理实验所通用的电话处理器

凡里克王 超级版主 发帖总数： 452	今天下午1：13 #1 目标：学会使用我的智慧，比如用虚拟地址使等离子体物理实验所通道堵塞。 ------------------------- 我的武士刀视频：XXX -------------------------

然后，看到回复中“乌奇族的甜甜新”被禁。这时，我收到了“凡里克王”的消息。

“我把‘甜甜新’封杀了。”他在私信里说。

“我们不能封杀任何人。我们不能做暴君。如果曼德拉在这里，他会对我们感到失望的。”我回复道。

“在这个世界上，懦夫没有容身之地。你必须奋起反抗。凯尔文，你不能逃避。”他突然说。

我盯着他的回复：

凯尔文，你不能逃避。你不能逃避你不能逃避不能不能不能——

然后我把他封了。

吃晚饭的时候，我往嘴里塞着土豆泥和烘肉卷，一句话也不说。老妈看着我吃，最后，她忍不住问我：“凯尔，你没事吧？”

我说：“没事儿。”

其实我非常生她的气。

气她让爸爸离开，气她让爸爸去中东被人杀死了，他的死甚至毫无意义。我甚至连爸爸的样子都不记得了。但是我知道，如果爸爸还在，我们的生活一定不会是现在这个样子。我也不会是现在这个样子。我的体育一定很好，引体向上也会很好，约翰和托比会喜欢我……

“凯尔。”

“我讨厌土豆泥，我讨厌烘肉卷，我讨厌《星球大战》……”

我从凳子上滑下来，跑向房间，“砰”的一声重重地把门摔上。

她在外面不停地敲门，一边敲一边说：“凯尔文，让我进去。”“请让我进去。”“我也讨厌土豆泥。”“我也讨厌……”但是这句话没有说完。最后，我把门打开了，她不在门口。她的门关着。我下楼泡了两杯绿茶，端着茶来到她的房门外。

“妈。”

门没有动静。我双手都端着茶，无法开门。

“妈。”我又喊了一次。

门开了，她用手背擦着眼睛，放我进去了。我们在她的床上坐下来，一起喝茶。她说：“如果你不想说，你可以不告诉我。但是凯尔——凯尔文——你需要找人说说话。不一定是我。我们可以找别人，如果你需要……”

“妈，我很好，我想告诉你，我想过万圣节。我想化装成绝地武士。我们可以一起扮演绝地武士。”我说。

老妈笑了。“我不会和你一起化装成绝地武士的，我不想强迫你。但是我们可以一起化装，你出去讨糖果，我在家分发糖果，怎么样？”

“行。”

其实我根本不在乎什么讨糖果。

“如果你想聊一聊的话……”老妈继续说。

“我没事。”我说。

“你确定你真的没事吗？”

我点了点头。我们在沉默中继续喝茶。

10 月 30 日晚上 11:30，我的闹钟响了。

我睡眼惺忪地挣扎着从床上爬起来，拿出老妈给我买的万圣节服装——绝地武士长袍和一把蓝色的塑料光剑。

我知道自己不再是五岁小孩，但是这个装扮还是非常酷的，又带点邪恶。

老妈也给自己买了一件长袍，是全黑的，她有一把红色的光剑。我们先前在厨房里决斗，老妈说：“凯尔，我是你妈！”我大声说：“不是！”她说：“小声点，别让邻居听见。”接着我开始用剑刺她……

现在，她已经睡着了。如果我悄悄地溜出去，她永远都不会知道。

我蹑手蹑脚地来到浴室，拿起一卷备用的厕所纸巾，塞进长袍。然后慢慢地走下楼，楼梯嘎吱作响。

我从厨房橱柜里取出备用钥匙，走了出去。外面有点冷，好在托比家不远，过几个小区就到了。我俩以前坐同一辆校车。我紧紧地抓着光剑，心里默默念叨着：“这就是一个象征，这就是一个象征。”

“做还是不做，没有退路。”

去托比家，我得沿着春天大道走半小时。一辆又一辆汽车从我身边开过，有几辆还按了喇叭。路边满是罐头瓶、比萨盒子等垃圾。

“做还是不做，没有退路。”

我真希望“凡里克王”在我身边。

我真希望没有在论坛封杀他。

明天，我要给他解禁，向他道歉。

托比家的房子看起来和别人家的没

什么两样：两层房子，一个大车库，汽车停在车道上，院子前面有一棵树。

我把光剑放在草丛里，拿出卷纸，撕下一长段，朝房顶扔过去。纸巾飘落下来，刚好掉在我的脸上。

我试着把整卷纸都扔上去，可是房顶太斜了，卷纸直接滑了下来。

难道我大老远跑过来就是这样的结果？

我真想砸东西。我想——我踢着草丛。踢着踢着，我开始踢树。正是！我要把这棵树弄得乱七八糟。

我用纸把树缠起来，把剩下的纸全撒落在草地上，还在邮箱里塞满了小白纸球。我干完了，就这样，报仇结束。这两年，托比和约翰把我摆弄来摆弄去，我就把纸巾撒得到处都是。

我再次踢着草丛——突然，踢到了一个硬硬的东西，原来是一块石头。我弯腰把石头捡起来。

房间的灯熄了。这块石头好沉。

我选中一个窗子，把石头砸了过去。

稀里哗啦！玻璃碎了一地。

我扔到第二块或者是第三块又或者是第七块石头的时候，房里的灯亮了。房子里面传出吼叫声，我吓呆了。这时，前门飞快打开了，我抓起光剑飞速地逃跑。

“嘿！”一个男人的声音，是托比的

爸爸。

"你个小混蛋，给我回来！"

托比的爸爸手上戴着拳击手套，脚上穿着运动鞋。我跑不过他。眼看着他离我只有几步远了，我飞快地转过身，发出我的战斗呐喊声，用光剑朝他的胸口刺过去。

光剑发出呜呜声——邪恶又炫酷！

"开什么玩笑？"黑暗中，我看不清他到底是吃惊还是愤怒，还是两者都有。

我又刺了他一剑——呜呜！

我正准备刺第三剑的时候，他拦腰抓住我，把我拎了起来，得意地说："我们进去聊聊吧。"

我只能做着此刻唯一能做的事情。

我开始大叫："救命啊，我被劫持了！"

"你居然耍我。"他说。

"没有。"我说，继续大叫求救，可是他已经把我拖进了房子里，托比和他妈妈正在里面等着。托比看到我的时候，惊讶得眼珠子都快掉出来了。"凯尔文？"他吃惊地叫了出来。托比不停地眨巴着眼睛，就像希望我能消失一样。他爸爸把我放在客厅坐下，对托比和他妈妈说："这个小子差点把整座房子的窗子都打破了。"

"杰克，他比托比还小，你确定是他吗？"托比的妈妈说。

"他和我读同一个年级，只是他看起来像三年级的……"托比说。

"托比。"

"干吗？妈妈，他打破了我们的窗户！"托比愤怒地说。

"杰克，你确定是他干的吗？"托比的妈妈再次问道。

托比的爸爸笑了。"我当然确定，他还想用那该死的荧光棒刺我呢。"

"这是光剑。"我嘟囔着。

三个人的脑袋齐刷刷地转向我。

"什么？"托比的爸爸问。

"这是一把光剑，"我重复了一遍。"你的儿子是——他是一个坏蛋。"说完，我哭了起来。

我坐在一台高档电视机前面的一张皮沙发上，手里仍然握着塑料光剑。现在已经是凌晨 1 时 16 分了，除我以外，每个人都只穿着内衣，看起来他们都像刚从睡梦中醒来。又咸又大颗的眼泪夹着鼻涕和汗水顺着我的脸颊流下。

明天，约翰和托比肯定会杀了我。约翰和托比会杀了我，他们会杀了我……

老妈也会杀了我。

"他是一个坏蛋，"我一边哭一边重复着刚才的话，"他叫我凯利，他还说阿兰娜是他的妞——"我想住嘴，但是停不下来。"但是我从来没有得罪过他。"

接着，我从来没有料到的事情发生了。

托比也开始哭了起来。

第二天课间休息的时候，一直到上课铃响，约翰和托比都没有来找我。我路过篮球场，正准备回教室，托比抓住了我的胳膊。这一刻终于来了，我握紧拳头。但是他没有打我，也没有把我的头夹在腋下，没有对我做其他任何事情。他的眼睛瞧着别处，说：“我并不是有意的，你明白吗？”

“不明白。”我慢慢放松下来。

“我并不是那个意思，”托比重复着刚才的话，“我也不知道。”

“不知道什么？”我的声音有点发抖。

托比清了清嗓子，接着说：“我不知道你会这么在乎。我不知道！我不知道！唉！我们只是开玩笑的。我们只是开玩笑的。”

“你们才不是。”我激动地说。

不不不——我感觉眼泪又要出来了。不行，不能在这里掉眼泪。

“我们真的不是那个意思，”他说，“你只是——容易搞定。”

“我不会原谅你的。”说完我走了，剩下托比一个人傻呆呆地站在篮球场。

放学回到家，我就会给“凡里克王”解禁，并向他道歉。也许我会告诉他我昨晚做了什么以及怎么做的；也许现在一切都会有所好转。老妈对我的做法不以为然，但是她能理解。昨晚我们一起喝着绿茶，她哭了一小会儿。她和我说，我应该告诉她的。她还说，我应该和她聊聊。“凯尔文，你不能去砸人家的窗户，不能这么做。虽然一个负责任的母亲在现在这种情形下绝对不该跟自己的儿子说这些话，但这确是事实，因此，”她停下来，咬了咬嘴唇，“你爸爸会很骄傲的。”

我问：“真的吗？”

她说：“真的。”

我拥抱了老妈。

这些我不会告诉“凡里克王”，但是我会告诉他，我让爸爸感到骄傲。

迪克茜漫画：观众喜欢我

摘自小多引进版《迪克茜的妙想生活》

日本

日本非常有趣。有些人认为日本人仅仅是在复制东西。我不那样认为。我觉得他们进行的是再创造。他们将某种已经发明的东西拿过来，然后不断地学习，直到对它们了如指掌。有时候，他们比最初的发明者了解得更透彻。

——史蒂夫·乔布斯

All the Tao in Japan
“头头是道”的日本

作者：李长声

日本现代派书法的领军人物手岛右卿的作品《燕》

日本凡事爱称“道”，例如茶道、花道、剑道、入木道。“道”让日本文化听起来玄而又玄。倘若把“茶道”译作茶艺，“花道”叫插花，或许就能用平常心对待。“柔术”本来是杀人之术，作为强身健体的运动，改口叫“柔道”倒也减少些杀伐之气。“入木”典故出自王羲之笔力入木三分，孙过庭《书谱》有“入木之术”一语，传到日本变成“入木道”，即“书道”。“书道”跟禅并没有直接关系，我们还是坚持叫书法吧。

日本自古引进中国的技术和艺术，与本国的风土环境、生活方式相结合，渐渐就变成他们固有的了。1603年德川家康在江户开设幕府，另立中央，掌控三百诸侯，并且把“朱子学”（南宋朱熹重新建构的儒学）定为国家的学问与教育，借以改造从战乱的岁月杀过来的野蛮武士，让其修身养性、为民表率，以维持社会秩序。日本人由此打下了国民教养的基础，所到之处，彬彬有礼，令世界赞叹。也就从这时候起，日本的大事小情皆用“道”字，以附会道德，丰富和强调精神内涵。

“道”具有神秘性，由术入道就变成一种家业，父传子，师授徒，一脉相承，习俗或制度因此成为传统而留存于世。

剑道的“剑禅一如”之说，人们可能多是从武士小说里读来的；而茶道，喝喝茶而已，玄乎其妙就需要附加些东西，如瓷器、字画、点心，它的思想依据也较为复杂，有道教思想，也有净土思想，最具意识性的思想就是禅，所谓“茶禅一味”。这种说法虽然看似高深，但回顾茶禅同渡日本的历史，也就不难理解了。

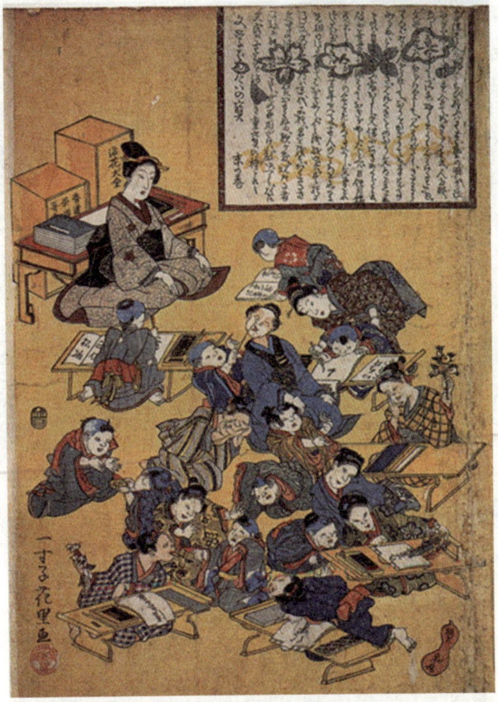

江户时代的女孩在“寺子屋”（Terakoya）进行读写、珠算、缝纫、茶道和花道等技艺的学习

“道”源自中国的禅

1185年前后，源赖朝在镰仓开设幕府，日本历史上的幕府时代开启。依据幕府所在地可划分为镰仓时代、室町时代和江户时代。武士不仅政治上处于统治地位，在经济上获益，而且对抗以京都为据点的贵族传统，极力创建自己的宗教及文化。镰仓时代（约1185—1333）兴起宗教改革运动，新佛教出现。新佛教当中有四宗脱胎于旧佛教，而临济、曹洞这两个禅宗分支是荣西和道元先后从宋朝引进的。镰仓佛教对日本的思想、文化影响甚大，当今约五分之三的日本人是佛教徒，大半属于镰仓佛教。中国禅宗史专家柳田圣山说：“日本的‘禅’是从镰仓时代之始的13世纪到江户时代中叶的18世纪，在前后500年这么长的时间里，日本民族在这块国土上培育断断续续传来的近世中国文明之果，又加以改良而开放的全新的花。”

荣西两度赴宋留学，1191年获得临济宗印可，回国开创了日本临济宗，但三年后被朝廷禁止。旧佛教盘踞奈良和京都，禅宗难以抬头。荣西赴镰仓后，幕府第二代将军源赖家欣然皈依。源赖家无视朝廷禁令，不仅在镰仓，甚至公然在京都也捐了一块地给荣西建禅寺。在荣西晚年，道元曾向他求教：既然一

日本临济宗创始人荣西又称为“日本茶祖”。为了研究禅法，他两度入宋，参谒宋朝天台山万年寺的禅师

坐落在日本京都东山区的建仁寺是临济宗的大本山，也是京都最早的禅宗寺院，建于镰仓时代（1202 年）

镰仓净土宗寺院高德院内的“镰仓大佛”

切众生皆有佛性，又何苦修行？道元于 1223 年赴宋，学禅五年，也曾应幕府第五代执政北条时赖之邀，到镰仓教化半年。1244 年，他在远离京都的越前（福井县地区）创立永平寺和日本曹洞宗。1654 年，临济宗高僧隐元来日本弘扬曹洞宗，也得到德川幕府的支持。

明治维新后武士没落，教团势力以曹洞宗为大。现今曹洞宗拥有 14000 多座寺院，700 多万信徒，超过净土真宗本愿寺派，居日本之首。

禅在中国是高度发达的思想，而在日本则是文化。对于日本武士来说，禅是用来修养精神、陶冶性情的，并没有多大的宗教性。禅主张自力，凭自力解决问题的武士需要禅宗。

禅宗

佛教源自印度，而在中国流传的佛教宗派之中，禅宗是由中国独立发展出的本土佛教宗派。禅宗在佛教释迦牟尼佛“人皆可以成佛”的基础上，主张“人皆有佛性，透过修行，即可获启发而成佛”。禅宗认为，透过自身修证，可以从日常生活中参究真理，直到最后悟道，也就是真正认识自己的本来面目。当然“悟道”只是才刚刚踏入佛门，由此“悟后起修”，直到成就正果。

禅宗在中国哲学思想及艺术思想上有着重要的影响，自唐代创立后流传于中国、日本、朝鲜半岛等地区，至今不衰。第二次世界大战后，日本铃木大拙至美国弘法，将禅宗的影响力推至世界各地。

茶与禅一起东渡

荣西不单从中国带来了禅，还带回来抹茶吃法和茶种（也许是苗木），以及黄庭坚书法等。道元则携陶工回到日本。佛学大师铃木大拙指出："在镰仓、室町时代，禅院至少是学问、艺术的仓库。禅僧始终有机会跟外国文化接触，一般人尤其是贵族，把禅僧敬重为教养倡导者。禅僧本身是艺术家、学者、神秘思想家，他们被当权者奖励而从事当时的商业，把外国的艺术品、工艺品带到日本。贵族阶级和政治统治阶级是禅门的支持者，很高兴修禅。"

平安时代初期已经有僧侣带回唐朝的团茶，但因为废止遣唐使，文人趣味的吃茶也逐渐衰歇。京都高山寺得到荣西馈赠的宋朝茶种，栽培成功，传播各地。第三代将军源实朝宿醉不适，荣西给他吃茶，豁然气爽，问是何物，荣西呈上著作《吃茶养生记》。被他宣传鼓动后，各处禅寺吃起了抹茶。抹茶是把茶叶捣成齑粉，用热水沏，现今日本茶道仍然是这种宋代的吃法，中国人试饮却可能不会接受。茶醒脑提神，或许有助于开悟。"山僧活计茶三亩，渔夫生涯竹一竿。"茶在中国就已经与禅密切相关，僧侣不绝于途，叫"煎点"的茶礼自然也就传入日本。

茶产量增加，吃茶之风从寺院、上层社会向民间普及。吃得兴起，搞出赌博性游戏"斗茶"。奈良称名寺和尚珠光玩得忘乎所以，被逐出庙门。为洗心革面，跟大德寺一休和尚参禅。某日，他用珍藏的茶碗点茶，递到一休面前，一休大喝一声，操起身边的铁如意打碎了茶碗。珠光纹丝不动，说："柳绿花红真面目。"一休欣然："佛法也在茶汤中。"一休满意之余，发给珠光开悟的印可，居然是北宋著有禅门第一书《碧岩录》的圜悟克勤大师的墨迹，大概有抵偿茶碗的意思。

珠光后来还俗，以村田为姓，叫"村

茶道

田珠光”（1423—1502），他就是日本茶道之祖。大约14世纪成书的《吃茶往来》已见“茶会”一词，在叫作“会所”的正式场所招待客人，器物、装饰以舶来品“唐物”为主。珠光反对这种华屋珍器的奢侈之风，崇尚简素形式，充实精神，创立以简素静寂为本的草庵茶（闲寂茶）。

武士的雅

润喉解渴的茶被形式化，称作“茶汤”，进一步追求精神性，就成为“茶道”。如同把跑步变成体育运动的赛跑，那就需要训练了。吃茶有形式，是为吃而吃，而茶道是为形式而吃。时见举办插花大赛，表明花道以及香道等依然有赛以至赌的性质，而茶道基本以“完善人格”为目标，讲求礼法。譬如“一期一会”（不是指望回头客，而是以一生就见这一次的念头竭诚招待），这种茶道之心是社交礼仪，听来有禅意。日本申办1964年东京奥运会成功，演讲里的“接待”一词成为流行语，这种接人待物的精神正是由茶道历练而成。茶道具有修养、礼仪、艺术、游艺等性质，尤其游艺性与修养性随世风消长。社会颓废时游艺性一面突出，就有人应时而出，强调修养性。19世纪初，以江户为中心的庶民文化烂熟，人心不古，《茶禅录》一书便说：茶意即禅意，不知禅味则不知茶味。

信长、秀吉这些嗜杀成性的武士为什么对“平和”以至于“无”的禅及茶道感兴趣，甚至酷爱呢？皇家及贵族失去了财力和军力，剩下的只有经年累月培育、积淀的文化，其中心理念是雅。武士们想雅却雅不起来，于是速成自创，主要是茶道。茶道无须连篇累牍或拗口难言的教养，仍然以饮食为基本，动用全身的感觉器官，身体力行即可。再搭配从中国输入的字画、陶瓷等艺术品，不就雅起来了吗？茶道当初很有点土豪文化的味道，秀吉真就用黄金建了一座茶室，估计是千利休负责制作的，虽然他否定崇尚珍器的价值观。日本静冈县的MOA美术馆有黄金茶室的复制品展示。

武士为主子尽忠效力叫奉公，主子保障武士的领地或赐予土地叫御恩，以此互利，构成武士阶层的上下关系。论功行赏，没有那么多土地，便赏赐茶具。主下未必都爱好茶道，但茶具是舶来品，价值不菲。武将松永久秀是一位“茶人”，他有个茶釜——就是茶道用来烧水的锅，名为“平蜘蛛茶釜”，织田信长看上了，再三索要都不给。后来松永反叛，兵败，信长命他献出茶釜，饶他不死，但松永和装满了火药的茶釜同归于尽，据说这是日本史上的首例自爆。

茶出于禅寺，自然有禅味，插花则源于用花供佛。据文献记载，1462年，顶法寺住持池坊专庆把几十枝花草插在金瓶中，供奉如意轮观音，惊艳京都，由此诞生了插花艺术，世代相传。500多年来，顶法寺住持始终是池坊流这个插花流派的最高指导者。

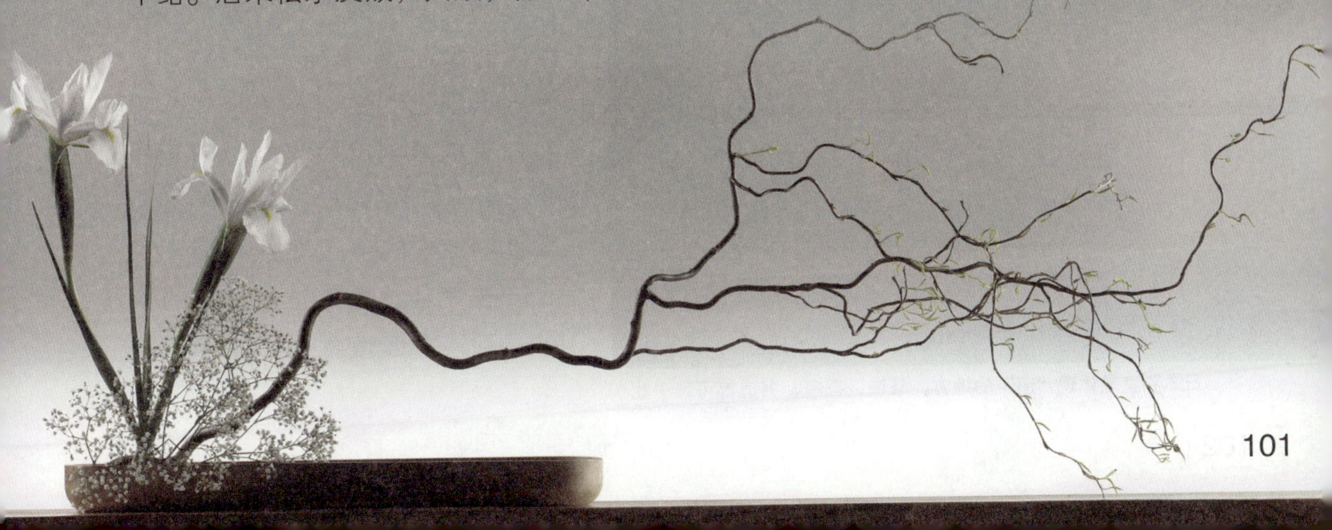

日本和室是体现“道”的地方，茶道、花道、书道都可聚于此

僧侣往来，镰仓时代随禅宗传入的宋式建筑、书法被称作“禅宗样”。书法之道在日本大成，乃至有超越本家之势，而且书道的发达也促成假名的发明。研墨挥毫要静气凝神，这到底是坐禅，还是朱子学的居敬静坐，其实也难以说清。

榻榻米上的文化

在室町时代(1336—1573)，镰仓、京都各有五座临济宗寺院被定为最高规格，由幕府管制。在五山官寺制度下，禅僧们积极介绍中国文化，兴隆文艺。他们的汉诗文称作“五山文学”，奠定了江户时代儒学发展的基础。禅艺术也绚丽多彩。平安时代的审美基本是抄袭中国，而镰仓时代以来的禅则逐渐开创了日本独特的审美观。比如枯山水庭园，由实用变为象征，从华丽转向素朴，表现超现实的禅世界。

对于上层社会来说，佛教是一种智，而对于民众来说，佛教是一种情。作为感情，不学无知也都会明白。即便在佛教中，禅也属于智能型，受知识分子欢迎。禅对于现世利益有一点淡漠，不大容易扩散到庶民当中。宋元的禅已经从山中转向市井，平常心是道。日本的多灾环境和简素生活仿佛更自然地具备接受禅的条件，与其说禅造就了日本人，不

日本茶室内部，可以看出书道、花道和茶道并不孤立

丰臣秀吉黄金茶室内的茶具（复制品）

如说恰好很适合他们。长年在榻榻米上起居，惯于坐，坐禅似乎也不是难事。樱花蓦地开放，蓦地凋零，看着就不免感悟世事无常。江户时代临济宗愚堂禅师有偈：原来佛法无多子，吃饭吃茶又着衣。

不单单是文化，日本的日常生活也多与禅寺有关。茶是荣西带回日本的，江户时代初叶来日本的明僧隐元带来了明朝吃茶法，从此日本人普遍喝起了绿茶。隐元还带来芸豆，日语就叫它“隐元”。盐渍萝卜“泽庵”据说是一度被德川幕府流放的临济宗和尚泽庵首创。“纳豆”从寺院流传民间，“卷纤汤”也本来是镰仓建长寺的伙食。正因为多出自寺院，所以日本饭菜很清淡，淡出了禅味。禅宗有清规戒律，威仪即佛法，作法即宗旨。道元撰写的《典座教训》规定了筷子用法，一日三餐照着做就是修禅。这也是日本人饮食规矩的教科书。也许是因为太贴近日常生活，在谈到“禅与文学”时，日本人不会像给远藤周作贴上“天主教作家”的标签那样，称川端康成为“禅作家”。

“中国禅”传到日本，生成了“日本禅”，再由于铃木大拙的英语写作而走向世界，几乎是日本文化在国际上的象征。外国人看小津安二郎的电影也觉得看到了禅。

菊与刀：你所不知道的日本人

The chrysanthemum and the sword

作者：萨苏

1941年12月7日，日军突然袭击美国太平洋舰队基地珍珠港。在战斗中，美军抓获了战争中的第一个战俘——日本海军少尉酒卷和男。这个因为昏迷被俘的日本军官让美国人大为头疼。他接受过良好的教育，待人接物彬彬有礼，唯独对活着没有兴趣，总是要求美国人给他剖腹自杀的荣誉。这个人是不是精神有问题？就在审问他的美军如是思索时，战场上的日军让美军认识到酒卷只不过是那个时代普通日本人的一个典型。实际上，日本人自己也琢磨过这个动不动就要剖腹自杀的习惯外国人可能不理解，于是在明治维新前刚开始和西方人接触的时候，曾经让武士表演过切腹——这当然是真的，目的是让外国人了解日本文化。结果把外国人吓坏了，有位公使当场发了心脏病。外国人不明白这种残忍的事情怎么能和文化拉上关系，偏偏日本人认为这种“行为艺术”既恪守礼仪，又展现暴力，正是本国文明的一部分。

就在美国看守面对酒卷和男及其他日本战俘一筹莫展的时候，一个长着一双柔和大眼睛的女学者来到了关押酒卷和男的地方。她对日本战俘的访问，成为一部研究日本的重要著作的基础，这部著作就是《菊与刀》。

写论文写出了世界名著

作为研究日本的经典著作，《菊与刀》几乎在所有关于这个国度的书目中名列前茅。谈到对日本民族性的剖析，大概没有任何一本书的影响可以与其相比。

不过，《菊与刀》本身不是作为一本书诞生的。1941年12月7日，日本海军将领山本五十六率六艘航空母舰组成的庞大编队，穿越北太平洋的惊涛骇浪，突然袭击了位于夏威夷群岛的美国太平洋舰队基地珍珠港，太平洋战争就此爆发。美军在战争中发现日军的行为十分诡异，他们在战斗中顽抗到底，穷凶极恶，但一旦被抓住又会立即变得俯首帖耳，仿佛换了一个人。日本人身上这种完全矛盾的性格让美国人摸不着头脑，他们从没见过如此特别的对手。1943年，美国战略情报局（OSS）设立了一个“敌国风俗研究”的科目，为专家提供经费，来分析日本人何以具有这样的性格。如此，打仗的时候才好知己知彼。

《菊与刀》的作者，文静而有些

这幅选自1867年出版的《日本礼仪和习惯画册》的插图，描绘了江户时代切腹的仪式，切腹人跪在地上接受切腹的命令

《菊与刀》的作者，著名的人类学家鲁斯·本尼迪克特

孤僻的女人类学家鲁斯·本尼迪克特在1945年初被选中来负责上述项目，对于她能否取得成功，大多数同行并不乐观。这是因为她此前从来没有到过日本，也基本没有接触过日本人，大家不相信她能在这种条件下有所成就。有人甚至认为本尼迪克特进行这一研究的原因是手头拮据，看中了丰厚的科研经费。

《菊与刀》英文版封面

然而本尼迪克特用实际行动证明了自己的能力。她耐心走访战俘营中的日本俘虏，仔细聆听他们的心声，并广泛查找、分析能够掌握的资料，很快做出了成果。美国人不是困惑日本人为何在被俘前后行为如此矛盾吗？本尼迪克特给出了答案：日军在战场上拼死作战，很大程度上是因为在意别人的看法；他们认为投降是一种无法面对的丢面子的羞耻事情，所以一旦被俘，无法做一名好兵的日本兵又会努力去做一名别人眼里的好战俘，以获得他人的认可，这样他就可以有面子地活

下去，否则，他们认为自己连战俘都做不好，同样是羞耻的。

日本人关于“耻”的认识、极端在意他人评价的性格特征，正是后来《菊与刀》一书中的精彩篇章之一。理解了日本战俘的这种思维方式，困扰美军多年的问题便轻易有了答案。

写作《菊与刀》，于本尼迪克特而言，其目的并非着重于怎样击败日本，而在于揭示其民族性中纠结的善恶两面，最终促使日本为世界所理解，从而有助于在战后重建一个更多“善”而少“恶”的日本。

矛盾的日本人

那么，这本书主要讲了些什么呢?

在本尼迪克特的笔下，首先充分地说明了日本人性格中矛盾的两面性。一方面，他们可以是文化上最内向的小资，把茶道、花道、书道等优美的艺术形式发挥到极致。他们的和服绚丽多彩，他们能生产极为精美的瓷器，他们强调礼节和文明的态度。在某种程度上，日本是一个最为重视礼仪的国家。另一方面，他们又残忍好杀，由日本人构成的法西斯军队是第二次世界大战中最凶残和缺乏军纪的部队，给亚洲各国带来了深重的灾难。各国统计数据表明，日军在战场上因为杀人而患上精神病的比例几乎是当时世界各国军队中最低的。这显示他们对自己在战场上和战场外的残虐行为毫无心理负罪感，似乎这一切都顺理成章。

本尼迪克特把日本人这两种矛盾的性格，分别称为“菊”与“刀”。她在书中表示，日本之所以形成“菊”的文化，其“各得其所，各安其分”的思想有着很重要的作用。这一思想本尼迪克特没能从东方角度理解，如果是中国人，便会发现这本是从中国传到日本的儒家思想的精髓，即所谓“君君臣臣父父子子”，表示每一个人都应该在自己的位置上恪尽职守，扮好自己的社会角色。这一观点在日本被广为接受，日本人把“在自己的位置上恪尽职守”加以发扬，变成了“把自己负责（或钻研）的事情做到极致”。于是，无论花道还是茶道，日本人都会以百分之一百二十的认真加以完善。在社会上，这种精神则造就了一个“匠人”的国度，让日本的产品总

日本文化可以称之为一种“耻文化”，通过灌输耻辱心来维持社会秩序

是能在质量和细微的设计上具有独到之处。可惜，这种个性的发扬通常只限于文化领域和艺术领域，在政治等现实生活相关的领域，“刀”文化体现得更加充分。

日本的“刀”文化强调等级、残忍和暴力。关于沾满了血腥的“刀”文化，本尼迪克特独辟蹊径，没有从武士道等表面现象开始解析，而是分析了日本与太平洋各岛国的文化异同。读过《菊与刀》，我们会认识到日本文化中残忍、凶狠的一面与它所在的海洋文化圈颇有关系。海洋文化是船上人的文化。当一条船出海的时候，船长的权威是不容动摇的，因此日本文化中有推崇盲从而不主张自我思索的一面，这成为法西斯主义在日本横行而人们大多随波逐流的原因之一。而日本古代糟糕的造船技术又迫使每一个船员不得不在海上忍受长时间的艰苦生活。压抑的环境和强烈的内部等级制度，使其将情绪宣泄的对象转向外在——经过长期苦航之后，一旦登岸，日本船员常常会自动变成倭寇，而这并不影响他们回家后依然做一个好丈夫和好父亲。当一名船员患病时，为了保障全体的安全，对其进行治疗可能远不如将其抛入大海更为合理。于是，尊重强者而不同情弱者的精神便成为日本“刀”文化的核心。

“珍珠港事件”中被日军偷袭的美军战舰

第二次世界大战中的侵华日军

本尼迪克特认为，日本人的双重性格在儿时就已经注定。她认为，日本人儿时的生活没有规范，没有羞耻心，是一个可以回味的“真实的天堂”，也是孕育其“菊”文化的梦想基础。但上学后立刻受到严格的规范和自我约束，且必须“取得伙伴的认可”，压抑造就极端，“他们的性格十分危险。如果可能，就会向对手发泄；如不可能，就向自己发泄”。

《菊与刀》用科学的方法描绘出典型的日本人形象：日本人身处严格的等级制之中，承担“义务”，完成“道义”，维护“名分”，“集团主义”倾向明显。制约日本人行为的道德藩篱是别人的目光，也就是“耻”。尽管本尼迪克特没有说，但在她的笔下，那个时代的日本人几乎都有着克隆人一般的相似。

“东京纸贵”的《菊与刀》

1945 年 8 月 15 日，随着日本天皇“鹤音”一声，第二次世界大战终于落下帷幕。此时，《菊与刀》一书仍在襁褓之中，直到第二年才正式付梓。因此，这部作品并没有为美军在太平洋战争中的作战提供参考。

但是，这本书却很快在日本风靡起来。日本的各个阶层纷纷解囊，以一睹这本描述自己的奇书为快。所谓“洛阳纸贵”，在日本一变而为“东京纸贵”了。

对《菊与刀》的热切，其实本身就反映了日本人身上“菊与刀”的性格——正因为日本在太平洋战争中败给了美国，崇拜强者的日本人立即把本尼迪克特这位美国学者的作品当作金玉之言，力求一睹为快，想知道自己到底输在哪里。

日本战败后，一直在试图反省失败的原因。这期间，也曾经有一位中国人分析其战败原因的书深受瞩目，这便是 1945 年年底日本的曙出版社发行的《悲剧的日本》，这本书是以中国军事家蒋百里的作品《一个外国人眼里的日本人》为本，由山口晴康翻译成日文后改名完成的。1938 年去世的蒋百里在书中已经预言了日本的失败，并深入地分析了日本战前政治经历的三个阶段——元老操纵期、贵族院操纵期和青年将校操纵期，从政治、经济、思想各个方面解析

武士道精神是日本民族的核心理念，日本人的精神文化和民族性格深受武士道影响

了日本失败的因果。从专业角度而言，蒋百里的书更加准确，且在细节上较为真实。

但是，《菊与刀》出版后，很快成为日本人研究战败问题的主流作品。其原因主要有两个方面：第一，日本在战后为美国占领，亲美、恐美情绪严重，因此对于美国人的学说和作品有着天然的崇拜；第二，蒋百里的作品虽然精准，毕竟仍然是在东方文化圈内对日本的民族性进行分析，而本尼迪克特则跳出这一现成视角，从一个完全不同的文化角度对日本做出了审视。不管她的观点是否完全正确，这种新颖的视角让日本能够从一个完全不同的角度重新审视自己。《菊与刀》与其说是留下了一个结论，不如说是留下了一个方法。能够从文化学角度分析一个民族的性格，以及这种性格对其在世界所处地位的影响，这是一种颇有价值的新型研究方法。

日本在战后的成功崛起，很大程度上受《菊与刀》的影响。例如，日本的战后教育广泛提倡自由的方式，甚至反对在学校中鼓励竞争，造就了一批不再推崇"刀"文化并为之纠结的新日本人，成为战后日本和平发展道路的重要基础。

看来，本尼迪克特和她的《菊与刀》在日本的影响仍然长盛不衰。作为一本了解日本的图书，虽然过了将近60年，也不能说是过时了。

太鼓表演集中了力量和音乐的美

Craftsman's Spirit that Pursues the ultimate

追求极致的匠人精神

作者：聂威

小野二郎和他的寿司店被搬上荧幕，他们和寿司背后的故事广为人知。图为纪录片《寿司之神》海报

在日本的东京银座，有一家人气极旺的高级寿司店。这家店的店主据说是能捏出全日本最美味的寿司的人。每天都有络绎不绝的食客慕名而来，不惜花费重金，只为尝一口店主亲手捏制的美极寿司。这位店主就是日本第一位被“美食界圣经”米其林指南评为三星主厨的寿司匠人小野二郎。他做的寿司，放到桌上，会如同呼气一般自然下沉几毫米：可见寿司米粒之间混有充足的空气，从而使寿司饭的外观显得十分圆润饱满——这就是小野二郎在握寿司的手艺上所展现的高深功力。

小野二郎有句座右铭："因为自己很笨，所以别人努力一倍我要努力三倍。"小野二郎之所以能成为寿司达人，离不开他的精益求精。即便在80多岁高龄，他每天仍坚持徒步40分钟去店里，几十年风雨无阻，没有一天停业。外出时为了保护手指的柔韧性，无论寒冬酷暑，坚持戴手套；他虽然喜欢喝咖啡，但为了保持良好的味觉，工作的几十年间再也没有喝过咖啡。此外，除了精挑细选最高级的海鲜食材，小野二郎还会根据海鲜的种类和状态来制订让海鲜休眠的日期和时间，并通过自身的判断来决定当天使用的食材。所有的努力，只是为了最大限度地发挥海鲜本身的美味。

为美国总统奥巴马和日本首相安倍晋三服务的小野二郎

像小野二郎这般拥有一技之长的手工劳动者，在日本被称作"匠人"。如今日本各地仍然存留有大量的手工作坊和从事个体生产的匠人，使得日本传统工艺文化得以延续。日本在手工制作方面有丰富的文化资源，在各领域有众多国宝级的工匠，代表着传统工艺在当今日本的杰出成就。这些领域涉及广泛，包括织物、染色品、木器、陶瓷、漆器、竹工品、金工品、佛具、造纸、文具、雕刻和木偶等各个方面。其中，属于织物的村山大岛䌷织品是日本的传统品牌，代表了当今日本传统民族服饰制作的最高水平，以独特的染色法闻名于世，日本工艺师田代隆久便是这一领域内的国宝级工匠。高品质的村山大岛䌷织品十分繁复，而田代隆久凭借其高超的技艺、丰富的经验、敏锐的直觉，将和服的美轮美奂发挥到了极致。又比如以透明感的朱砂色享誉世界的琉球漆器，是日本漆器的优秀代表，工艺师松田勲则是这一领域的国宝级匠人。他的座右铭

对在戏剧、工艺等非物质文化中身怀绝技的民间匠人，日本赋予他们"人间国宝"的称号，意在保护珍贵的非物质文化遗产。室濑和美被认为是制作漆器的国宝级工匠，他的作品兼具传统技巧和前卫美感，同时不乏历史内涵

是“从失败中获得启发”。他认为，只有通过一次次的失败，才能逐步找到正确的方向，心目中百分之百理想的作品几乎是不可得的，然而通过每一次的实践，可以找到瑕疵。只要能一次又一次消除这些缺陷，就能够离完美的作品越来越近。就是这么一位老匠人，虽然年事已高，功成名就，但仍然在孜孜不倦地追求着漆器制作的最高境界，把这一日本传统工艺的美竭力发挥到极致。

这些日本传统工艺的继承者，将手中的技能升华，将技艺之美发挥到极致，被施以“人间国宝”的桂冠，受到民众的追捧和尊敬。在亚洲，能将工匠达人尊为人生典范的国家，也许只有日本了。其实，“匠人”这一概念在日本早已不单单局限于手工作坊的工艺制作者的定义了，而是升华为一种职业精神，成为敬业、刻苦、踏实和努力的代名词。在这个国家里，绝大多数的企业人都期望像工匠修炼技能一样，兢兢业业地工作，立志成为自身所在领域里的达人。难怪日本被外国人称作工匠气质的国家。而以精益求精为核心价值观的工匠意识，早已深入日本民众的内心。

笔者在日本期间，曾经亲眼看见过日本工人翻修下水管道的场景。按理来说这是很不起眼的生活场景，然而却记忆犹新。理由是施工现场并没有想象中的机器轰鸣、尘土飞扬、泥浆乱溅、交通堵塞的情景出现，相反十分地井井有条，干净整洁。施工方给工人安排了不同的职责：有的负责疏导过往车辆；有的负责架起围栏和告示牌，并面向来车示意慢行；有的负责拿水管冲洗施工区域内的尘土和泥浆。当时正好有成群的小学生放学经过，所有施工人员都立即停下手中的活，静静地等待学生们走远，然后才重新开工。这个场景让人十分感动。日本民族在每一件小事上的细致入微，跟他们追求完美的工匠气质是分不开的。

滋贺县立近代美术馆 2015 年 8 月 8 日 ~ 9 月 23 日举办志村福美作品展的海报

现年 91 岁高龄的志村福美是著名的染织艺术家，获得“人间国宝”称号。她作品中所用的材料取自天然的草木

你能想象到的每一件东西都是真实的。
——巴勃罗·毕加索

展望理论

作者：贾晶　绘者：丑人儿

最近股市起伏跌宕，年初土豆哥把彩票中奖得到的钱用来投资股票，没想到7月份股市大跌。土豆兄弟愁眉苦脸地来找土豆叔。

跟以往一样，土豆叔招待兄弟俩吃饭。土豆哥一点胃口也没有。土豆叔看在眼里，把手上的茶杯放下，慢慢地说："我知道你们现在的心思。本来咱们是要聊经济的，不过今天我要和你们聊点别的。"

"咱们先一起玩个游戏吧。"土豆叔提议。他拿出个小本子，然后看着小土豆说："假设我告诉你有两种选择：①我给你100个球，其中95个球上写着A，5个球上写着B。你闭着眼睛拿其中一个球。如果你拿的球是A，我给你100元；如果你拿的是B，我不给你钱。②你什么也不用干，我给你94元。你会选择①还是②？"小土豆不加思索地回答："我选②。这样我什么都不用做就得94元。如果选①，万一我抓了个B球，那就什么也得不到了。"

"那好吧。现在我要给你另一个情形。"土豆叔接着说，"新的假设中还是有两种选择：①还是同样标着A和B的100个球。如果你拿到A球，你要给我100元。如果你拿到B球，你就什么也不用给。②你什么也不用干，你给我94元。那么你的选择是什么？"小土豆说："我选①。虽然大多数情况下我会比选择②多输6元。可是万一我拿了B球，那我就不用给你钱了。"土豆叔笑着点点头。把小土豆的答案都记下了。

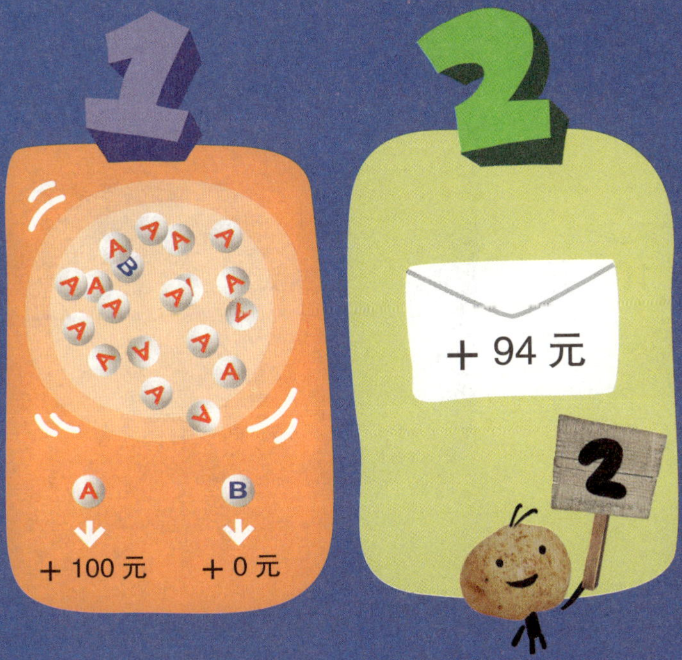

接着土豆叔的眼睛转向大土豆:“我现在也有两个情形，看看你会怎么选择。第一个假设有两种选择：①那 100 个球由你闭眼选，如果你拿到 A 球，我不给你任何东西；如果你拿到 B 球，我给你 2000 元。②你不用干任何事情，我给你 101 元。你会选哪种？”大土豆说：“我会选①。2000 元比 101 元多多了。我有机会赢 2000 元，当然要选①。”

“好吧，我现在给你下一种情形。”土豆叔在本子上记下大土豆的回答，接着问道：“新的假设也有两种选择。①那 100 个球还是由你闭眼选，拿 A 球你不用做什么事，拿 B 球你要给我 2000 元。②你什么也不用干，你给我 101 元。这两种情形里面你选哪一个呢？”大土豆想了想说：“我还是选②吧。至少我不会有机会输 2000 元。”

土豆叔写下大土豆的答案后，开始问他们：“我给你们的问题里都出现了同样的 100 个球，你们知道 A 球和 B 球代表什么意思吗？”

土豆兄弟摇摇头。土豆叔接着说：“100 个球里有 95 个是 A 球，A 此时代表的是非常可能发生的情况。B 球才 5 个，它代表的是不太可能发生的情况。从概率统计的角度看，你们有 95% 的机会拿 A 球，5%

的机会拿 B 球。在我给你们的问题里，第一种情形都是我给你们钱，代表的是你们赢钱；第二种情形是你们给我钱，代表的是你们输钱。小土豆，第一种情形在统计学家眼里，选项①意味着你平均可以得 95 元（100 X 95% = 95）。可是你选了保守的选项②，只要 94 元。在第二种情形中，你选的选项①用数学计算会得出你会输 95 元。非常可惜你没有选只输 94 元的选项②。在数学家眼里，你在很可能赢的时候选择了保守少赢，在很可能输的情况下选择了冒险多输。”

土豆叔脸转向大土豆：“那么你的情况和你弟弟正好相反。在给你的第一种情形中，你拿 B 球完全是小概率事件，你选的选项①，通过理性计算的结果是可以得 100 元（2000 X5% = 100）。可惜你没有选安全的选项②，那样你可以得 101 元。在第二种情形中，选项①代表的是你输 100 元。这时你反而选了保守的选项②，输 101 元。用数学家的语言来描述你的决策，就是你在极少可能赢的时候选择了冒险少赢；在极少可能输的时候选择了保守多输，买个放心。”

土豆兄弟惊讶地睁大眼睛，互相看看，都觉得不可思议。土豆叔笑着安慰他们：“你们不要以为你们做出了错误的选择。实际上大多数人都会做出这样的选择。记得以前我跟你们说过的风险概念吧？很可能发生的事情就是低风险事件，极少可能发生的事情就是高风险事件。小土豆在可以低风险赢钱时选择躲避风险少赢钱，大土豆在需要冒高风险才能赢钱时选择冒险。这个违反理性判断的现象被两位心理学家在 20 世纪 70 年代发现。这两位心理学家是丹尼尔·卡内曼和阿摩司·特沃斯基。可惜特沃斯

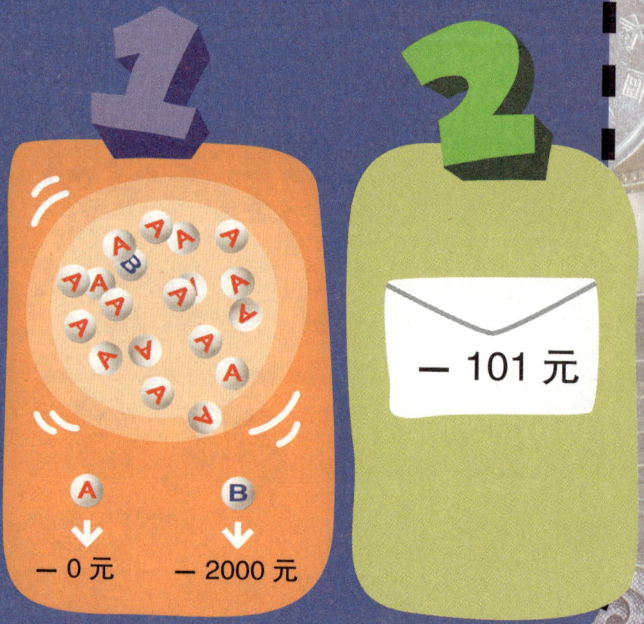

基20世纪90年代去世了。诺贝尔奖不授予已去世的人，最后，卡内曼因为这个发现获得了2002年的诺贝尔经济学奖。

"这两位心理学家把他们发现的这种行为现象称为展望理论。他们的研究也开创了经济学的一个分支：行为经济学。最早的经济学研究都是从数学家那里开始的。所有的假设是基于人们做决定时都是'理性'的前提。还记得我跟你们提过的大数原则吧。卡内曼和特沃斯基就是最早开始质疑人们对风险的认知与客观大数原则吻合程度的人。从这一点上，他们逐渐得出根据每个人的起始状态不同，每个人对待风险的态度是不一样的。这就是展望理论的核心。"

小土豆听得似懂非懂，问土豆叔："你说的好像和哥哥现在的心情有关。他前阵子股票涨的时候挺高兴的，可是最近股票跌了就难过，烦躁得不得了。这和展望理论有关吗？"

展望理论

土豆叔点点头："有关的。展望理论指出，大多数人对损失比对收益敏感，这是心理反应不对称的表现之一。你看他3月份买股票时，并不知道会一路涨。可是到6月底，他心理上已经习惯了自己的钱比3个月前多的事实。这时候他的参照点变了，他不能接受钱变少的事实。如果他还用3月份的参照点看问题，情况就大不相同了。"

大土豆听了以后，想了想，眉头有些舒展开了。

作者贾晶，纽约城市大学巴鲁克学院金融系MBA，曾是花旗银行纽约总部的金融计量分析师。她希望为孩子撰写简单有趣的经济学文章，让孩子从了解基本经济学出发，明白独立和公平的真正含义。

对话

Meet Yuanyuan Fang–Atmospheric Scientist

走近年轻的大气学家

作者：丹·里施（Dan Risch）
译者：梁素维

如果你赢得了全国中学生物理大赛，你绝对想不到所得的荣誉会是“难闻的”，然而这是方媛媛博士还在上学的时候就感受到的。

这次竞赛的奖励是在安徽省巢湖附近的一个水处理厂待两天。对于科研新手来说，这是一个学习如何清除水中杂质的机会，方博士从中获得了意想不到的动力。

“我被湖里的难闻气味震惊了，”她说，“我T恤衫上的味道久久不散，我也被布满湖面的丑陋的藻花震惊了。这些都让我感觉我应该做点什么来保护环境。”

这些情绪指引着方媛媛从南京气象学院去了北京大学，又去了美国普林斯顿大学，最终成为一名大气科学家。

研究大气科学的紧迫难题

“我研究了自然和人类活动如何影响地球大气的构成，以及大气的变化又如何影响到自然界和人类社会。”方博士解释道，现在她在美国斯坦福大学的卡内基科学研究所工作。

“我的研究和大气科学里两个非常紧迫的难题——大气污染和气候变化相关。这两个问题都可能给人类社会带来深远的影响。我研究了大气中许多不同的物质，包括像$PM_{2.5}$、臭氧、一氧化碳这样的大气污染物，以及像二氧化碳和甲烷这样的温室气体。我研究这些物质是如何在大气中生成、扩散和消失的。”方博士说。

研究方法：建立空气质量模型

方博士是如何研究这些未知的事情的呢？她借助的是电脑模型，包括空气质量模型。大气科学家使用空气质量模型来寻找导致大气质量变化的原因。这个模型能帮助科学家确定过去的大气的质量，还可以预测未来大气质量会如何变化。

“空气质量模型使用数学和数值模拟技术，来模仿空气污染物在大气中移动时发生的物理和化学反应，”方博士说，“也就是说，科学家用数值和方程来模拟大气中正在发生的事情。”

“这些模型可以帮助我们探索大气污染的来源，并且评估在一些事件发生的时候，空气质量会发生什么样的变化，”方博士补充道，“比如，洛杉矶的空气污染大部分都源于汽车尾气和发电厂废气吗？对于大部分的污染，洛杉矶这个城市本身要负责吗？或者，洛杉矶应该责怪城市外面的污染源吗？”

然而，尽管空气质量模型很有用，但是它们的精确度依赖于科学家输入电脑的信息。大气中化学物质和化学反应的丰富混合，需要方博士和其他科学家不断输入尽可能准确的信息。

科学家的挑战

“要在模型里正确地表示化学反应，绝对是一个挑战。”方博士说，“其中一些化学物质和化学反应是未知的。比如，空气质量模型中的一个常见问题和模拟的$PM_{2.5}$有关。每一个$PM_{2.5}$微粒都可能包括一些并没有放进模型里的化学成分。另外不要忘了，还有很多我们仍不知道的物质。希望在未来，能够了解这些未知物。”

尽管面临很多困难，但是到目前为止，方博士的职业生涯有一点是明确的，她中学时代许下的“为保护环境做些事”的愿望正在实现。

“当科学研究致力于解决现实世界的难题的时候，就显得尤其有价值。”方博士说，“我参与过的很多项目都是和政策相关的，它们的结果被用来指导与环境有关的决策。”

“在一个项目中，我发现气候变化会使空气质量恶化。我的研究显示，在未来，为了提高空气质量和保护人类健康，环境政策应该考虑减少温室气体的排放，而不仅仅是要减少传统大气污染物的排放。”

“我的工作的启示是，减少炭黑和甲烷的排放可以获得双倍效果，因为减少这些污染物可以减慢气候变化的速度，同时降低空气中危害人类健康的$PM_{2.5}$和臭氧的浓度。”

天气晴朗无云，扔掉那些发臭的东西，方博士正走在为人类净化空气的路上。

Text and Illustration: Clayton Hanmer

Adapted from OWL Magazine, March 2013. Used with permission of Bayard Press Canada Inc.

追踪指示物种

作者：丹·里施（Dan Risch）
译者：钱新华

丹先生　这里是丹！还有你，想要成为助理的汉斯！

汉斯　啊，老大。这个月我们要追踪那些身为指示物种的动物。我就是一个动物物种，我认为我应该就这事“喔哦哦”地说上两句的。

丹先生　你是独一无二的物种！此外没有其他长着迅猛龙尾巴的鸡存在了！你是不是能告诉读者什么是指示物种呢？另外，别再叫我老大了。

汉斯　当然！那比解释为什么鸡会过马路要简单多了！指示物种就像过去矿工去井下时带着的金丝雀。如果金丝雀病怏怏地在栖木上摇晃，就等于警告矿工空气中存在有毒气体，矿工就能在中毒前离开矿井。

丹先生　说得不错，汉斯。但是如果你想成为我的助手，你就必须再补充些细节。比如说，这种气体是一氧化碳。如果矿工吸入了含有高浓度一氧化碳的空气就会有生命危险。如今，矿工利用科技来检测一氧化碳。但是在很久以前他们是没有办法检测的，因为一氧化碳无色无味。

汉斯　我明白了，老大！金丝雀的反应指示矿井空气里有不好的东西，真是聪明的鸟儿！

丹先生　你说得对，汉斯。科学家已经学会利用其他“聪明”的物种来保护人类和环境，使人类免受那些不易被探测的污染和其他问题的危害。还有别再叫我……唉，算了。瞧，我们要休息一下……

汉斯　太棒了！我要吃零食。

丹先生　你不能休息。你要去研究作为指示物种的阿德利企鹅（Adelie penguin）。搜集些详细内容，然后向读者解释你找到的资料。这儿有条线索：去找一篇于2014年刊登在美国鸟类学家协会的《鸟类学研究进展》（*The Auk, Ornithological Advances*）上的研究论文。

汉斯　好的，老大！我会四处啄啄，然后飞快地带着答案回来的。

丹先生　在等待汉斯回来的时候，让我们来看几种指示物种以及它们是如何帮助科学家的。

汉斯　嘿！老大，我找到了！阿德利企鹅真是超酷的小鸟儿，它们有上百万只，生活在南大洋的不同地区。它们主要以晶磷虾和南极银鱼为食。多棒的细节，嗯哼？

丹先生　还有？

汉斯　啊，对了！它们是一个了不起的指示物种。

丹先生　怎么了不起？

Tracking Indicator Species

加州神鹫——铅污染

加州神鹫（California condor）是南美洲最大的鸟类，属于秃鹫家族。它的翼幅可达 277 厘米，比篮球明星姚明的身高还长！19 世纪 60 年代，这种动物将近灭绝。动物园的保护工作拯救了加州神鹫，但是想饲养成对的秃鹫并让它们野外繁殖一直十分困难。

野生秃鹫的数量增长缓慢，这引起了环境保护者的警觉。他们发现，秃鹫的自然栖息地出了问题。研究者观察发现，猎人留下的猎枪弹壳中的铅污染了环境。

一直以来，美国的很多产品中都禁止含铅。然而，铅还是经常出现在自然环境中，污染着秃鹫栖息地的水和土壤。借着秃鹫的遭遇所带来的警告，环境科学家将关注铅污染对其他动植物的伤害，并敦促猎人改用不含铅的猎枪子弹。

酢浆灰蝶——放射性污染

一只小小的蓝色蝴蝶能够指示出最严重的人为污染的存在，你对此会感到惊讶吗？

2011 年，在地震和海啸摧毁日本福岛第一核电站后不久，研究人员注意到酢浆灰蝶（Pale grass blue butterfly）的前翅比正常情况要小。他们经过研究，最后得出结论：变小的前翅表明了放射性污染的存在。

丛林蝾螈——森林健康

生态学家发现，一种丛林蝾螈（Woodland salamander）是很好的森林健康指示动物。当树木生长多年，发展成熟后（也因此为非常多样的野生动物和植物提供了一个家），丛林蝾螈的数量就增加了。因此，蝾螈的数量越多，森林就越健康。

锦龟——双酚 A

自 19 世纪 50 年代以来，化学制品和合成化合物的使用飞速增长。其中有种化学品叫双酚 A（BPA），经常被用于制作食品储存罐头和饮料容器。它通常污染水源，还会扰乱有机体的繁殖。

2015 年早些时候，研究者发现锦龟（Painted turtle）——一种普遍存在于小溪、河流和湖泊中的物种——正显现出性别紊乱的迹象。许多雄性龟长出了雌性龟的生殖器官，其结果就是锦龟的繁殖率降低。对此，水里的 BPA 难辞其咎。如今作为指示物种的锦龟，其数量下降会提醒生态学家寻找 BPA 污染情况以及对其他水生物种和人类饮用水的影响。

汉斯　呃……如果阿德利企鹅种群灭绝，表明污染物正在使磷虾和鱼大量死亡，又或者是人们在南大洋过度捕捞。如果磷虾和银鱼绝迹了，整个地区的食物链将会断裂。你知道甚至连鲸鱼都吃磷虾吗？如果生物学家看见阿德利企鹅数量下降，就应告诉政府限制捕鱼并减少污染。这一切都归功于这个指示物种！而这个指示物种又恰好是一种聪明又英俊的鸟儿，就像我这样！对吧，老大？对吧？

丹先生　唉……暂时拜拜吧。

双酚 A（Bisphenol-A）：也称 BPA，是世界上使用最广泛的工业化合物之一。全世界每年生产大约 2700 万吨含有 BPA 的塑料。但 BPA 能导致内分泌失调，威胁着胎儿和儿童的健康。癌症和新陈代谢紊乱导致的肥胖也被认为与此有关。

Communication is a skill that you can learn. It's like riding a bicycle or typing. If you're willing to work at it, you can rapidly improve the quality of every part of your life.

——Brian Tracy

HAVE YOU GOT "SCREEN-SIGHTEDNESS"?

BEFORE YOU READ
- How many screens* do you have in your house?
- What age did you get your first mobile phone?

Phones, tablets, computer games, TVs ··· How much time do you spend looking at a screen a day? Two hours? Four? Or mayb more? You should be careful!

More and more children and young people are having headaches and problems with their eyes because they spend so much time looking at screens, in particular small screens in smartphon It' s such a big problem that opticians* have a special name for it: "Screen–sightedness" .

Opticians say the problem is the blue light which comes from the screens on smartphones and tablets. Since the beginning of smartphones in 1997, the number of people who are short–sightec increased* by 35%.

So, what can you do? "You should take a break* from your screen every twenty minutes," says optician Nimesh Ghedia. "···And try to look at something twenty metres away–like a tree or a clock." Another optician, David Allamby, says "You should go outside without your phone for some time every day. And children shouldn' t hav a smartphone when they are too young!"

Did you know that teens check their phone every nine minutes and spend more more than two hours a day on them? Is that a problem? Yes! It can be bad for your eyes!

My Screen Time

How much time did you spend on screens yesterday? Write the number of hours and minutes:

Screen	Time
Mobile phone	
Tablet/iPad	
Computer	
TV	
Games console	
Total:	

CROWN CULTURE: Screens

- 1 in 10 children get their first mobile phone at age five.
- The average age for a child to get their first mobile phone is seven and a half (that's six years younger than ten years ago).
- A typical ten-year-old has five or more screens in their house.
- Children spend more hours watching TV than they spend at school!

CROWN asks ... How long do you spend in front of a screen?

Sarah, 12, Oxford

I only use my phone for texting, but I spend two hours watching TV after school and then about three hours on my laptop. I am already short-sighted. I started wearing glasses when I was eight, but it's not because of the screens–I didn't get a phone or laptop until I was ten.

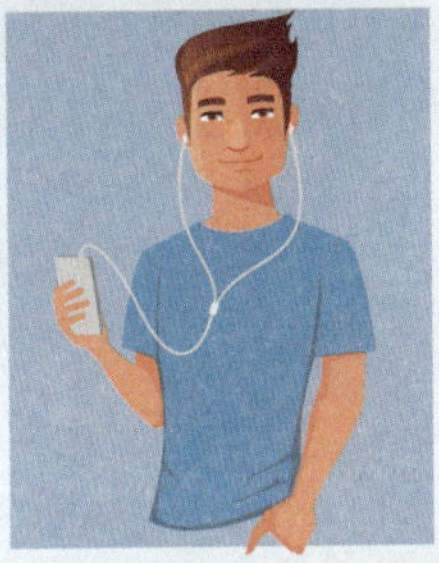

Miles, 13, Oxford

I go on the Xbox or watch TV for about three hours a day, and I'm on my phone ALL THE TIME! I text, check Facebook, send Snapchats and go on the Internet. Even if it is bad for my eyes, I can't stop. I don't think screens are bad for us. They're just screens.

YOUR FUTURE FACE?

Kids' thumbs* are getting bigger and stronger because they text and play computer games so much! Now scientists say our eyes will be this size in 100,000 years because we look at screens so much!

Should / shouldn't

Here's some advice–but you need to finish the sentences first. Write should or shouldn't .

1 You ______ spend more than two hours a day on screens.
2 You ______ hold your smartphone 40cm away from your face.
3 You ______ sit inside all day.
4 Remember the 20-20-20 rule: You ______ spend 20 seconds looking at something 20 metres away every 20 minutes.

* WORDWISE

English	French	Italian	German	Dutch	Spanish
screen	enqu ê te	inchiesta	Studie	enqu ê te	el sondeo
optician	opticien	ottico	Optiker	opticien	el ó ptico
short-sighted	myope	miope	kurzsichtig	bijziend	miope
to increase	augmenter	aumentare	ansteigen	toenemen	aumentar
break	pause	pausa	Pause	pauze	el descanso
thumb	pouce	pollice	Daumen	duim	el pulgar

PRACTISE
More English activities online
www.mg-plus.net/activities

LISTEN
Track 6–Interview
www.mg-plus.net/audio

US School
Grade Level: 7

Why America was Torn Apart

美国为何曾经南北分裂？

美国曾爆发过一次大规模的南北战争，南方各州甚至还脱离了美国联邦。事实上，历史上美国的南方和北方曾出现了严重的分歧，其主要矛盾集中在奴隶制的存留问题上，但焦头烂额的美国人发现，问题远远不止这一个，很多问题甚至在今日的美国依然存在着……

本文选自由小多引进版权的“美国人看美国·历史”（中英文对照阅读）丛书，它是美国公立图书馆专用的历史参考书，深受美国孩子欢迎。亚马逊中国电子书排行榜连续四周排名前十。

The first slaves came to the American colonies in 1619. A Dutch ship traded twenty Africans for food at Jamestown. These first Africans were considered a type of servant. They could earn their freedom. As the years went by, though, this changed. Soon, Africans were sold as slaves in the Americas. And these slaves

奴隶正在使用轧棉机

美国自建国以来，美国人总担心各种族裔抢夺他们的工作机会，并声称他们不如美国人优秀，这正是从其他国家来的新移民面临种族歧视的原因之一。如今，美国依然面临种族歧视问题，比如美国人担心拉美族裔抢走他们的工作机会，令一些美国人变穷。请你想一想，这种歧视是不是和19世纪美国北方人担心黑人会抢走他们的工作类似呢？

种族歧视是指一些人相信某个种族（无论是黑人、亚裔、白人还是原住民）不如其他种族。

did not have any way to become free. Buying slaves was cheaper than paying workers. So Americans told themselves it was okay to own other people. People used many arguments to make themselves believe slavery was okay.

Freed slaves also had to deal with racism. Because almost all black people in the United States were slaves in the early 1800s, they couldn't blend in. If people saw a black person, they usually assumed he was a slave. Sometimes free black people were captured and sold again as slaves. People said they must have been runaway slaves. Or else whites just didn't care whether or not they were runaways.

Only the poorest white people in the South didn't own slaves. But even these people usually said slavery was a good thing. People in the Northern states worried about this. In the North, slavery had been outlawed since around 1800.

一座种植园中的奴隶小屋

北方需要南方种植的棉花，南方需要北方的工厂将棉花制成商品

First, a lot of Northerners worried that slavery was evil. They believed it was wrong to make other people slaves. The second reason some Northerners didn't want slavery to spread was that they worried that slaves would take their jobs. Then there wouldn't be enough work for white people.

Slavery was in the middle of the problems between the North and the South. But it wasn't the only problem. The Northern states and the Southern states were very different from each other. The South had lots of farms. The North, on the other hand, had more factories. The North used the cotton grown in the South to make cloth. They also made a lot of money selling food and other things to people in the South.

The people in the South weren't very happy with the North. People in the North didn't have slaves. They said slavery was wrong. But they didn't mind buying cotton

现在我们都知道奴隶制是罪恶的，但如果你生活在19世纪，你很难和奴隶制摆脱关系，比如你所穿的衣服很有可能就是奴隶所生产的。要解决好类似奴隶制这样的问题实在太难了，它需要坚定勇敢的人大声疾呼，告诉大家对和错，即使答案很难找出，也没有理由继续做错事。你呢？会怎么做？

grown by slaves. They didn't mind selling things to slave owners. All the buying and selling in the United States was mixed up with slavery. It was almost impossible to escape from it.

But many people in the North believed slavery was wrong. Some of these Northerners helped slaves escape. People in the South considered this stealing.

The Mexican War, from 1846 to 1848, raised the question of slavery again. The United States suddenly had the chance to gain even more land. Both the slave states and free states wanted to claim the land for their side. Leaders from the North and those from the South had very different ideas about what they wanted to happen.

亚伯拉罕·林肯

In 1850, Congress passed the Compromise of 1850. This compromise was supposed to keep both the North and the South happy. California was let into the United States as a free state. Selling slaves was outlawed in Washington, D.C. (But people could still own slaves.) And, to make the South happy, the Fugitive Slave Act was passed. Another argument between the North and the South was where to put a railway across North America. People had been talking for a while about building a railway across the continent. Those in the South thought the railway should be built across the South. Those in the North thought it should take a more northern route, through Nebraska.

By the middle of the 1800s, Americans were split over the issue of slavery. Soon, this would lead to a fight, which is the famous Civil War. The southern states formed the Confederate States of America and dropped out the country. Abraham Lincoln did not become President until a month after the Confederacy had formed. Lincoln didn't want war, either. He knew war was a possibility, though.

For the first year of the war, Lincoln argued that he was only fighting to keep the United States together. He did not

李将军和格兰特将军正在签署南北和平协议

1862年9月22日，林肯发表了《解放宣言》，宣告南方脱离州所有的奴隶获得自由。《解放宣言》引起了巨大反响。南方脱离州意识到再也无法回到从前的生活方式了；而北方的士兵有了更高的战斗目标——为解放奴隶而战！《解放宣言》的发表，也引起了其他国家的关注。

want to talk about slavery at first. The northernmost slave states—Maryland, Delaware, Kentucky, and Missouri—had not joined the Confederacy. Lincoln was afraid if he said he wanted to end slavery, those states would drop out too. Finally, in September 1862, the Union won its first major battle. Lincoln now felt he could talk about slavery safely. On September 22, 1862, he issued the Emancipation Proclamation. The Emancipation Proclamation freed all the slaves in the Confederacy.

The Civil War and the years before and after it had been a rough time for the United States. Things had changed a lot. The changes had freed the slaves and made them citizens. All men now had the right to vote. But life was still hard for black people in the South. When the U.S. troops left the South, many Southern states passed new laws that cut back on black's freedom. It would be another hundred years before the Civil Rights movement gave blacks equal rights in the United States.

第120页答案。

WORDS

玩转大小词

What is a compound word ? Do you know?

节选自小多引进版权的“词汇漫画书”系列（含音频）。本系列目前共有 21 册，幽默的系列漫画让你真正地学会用英语，而不是“背英语”。

en find it's made of smaller ones
as in this one: bluebird.
5
It's partly blue and partly bird.
two shorter words you know.
HELLO
MY NAME IS
BIRD
BLUE
6
en first you see these
compound words,
ey may seem quite demanding.
But break them into smaller ones,
and then you'll be outstanding!
27

图书在版编目（CIP）数据

还我洁净的大气 / 小多（北京）文化传媒有限公司编著 . —南宁：广西教育出版社，2015.10
（2016.12 重印）
（少年时）
ISBN 978-7-5435-8037-4

Ⅰ . ①还… Ⅱ . ①小… Ⅲ . ①大气环境 – 环境保护 – 少儿读物 Ⅳ . ① X51-49

中国版本图书馆 CIP 数据核字（2015）第 240784 号

少年时
还我洁净的大气 HUAN WO JIEJING DE DAQI
小多（北京）文化传媒有限公司　编著

总 策 划◎ 祝伟中 石立民
策划编辑◎ 石立民 阮 健
组稿编辑◎ 方 玉 阮 健
责任编辑◎ 青兆娟 高 春 范 宁
特约编辑◎ 韦 恩 阮 健 张楠楠 李思怡
美术编辑◎ 王秀英

出 版 人◎ 张华斌
出版发行◎ 广西教育出版社
地 址◎ 广西南宁市鲤湾路 8 号
邮政编码◎ 530022
电 话◎ （0771）5865797 （010）58695176
本社网址◎ http://www.gxeph.com
电子信箱◎ gxeph@vip.163.com
印 刷◎ 北京利丰雅高长城印刷有限公司
开 本◎ 787mm × 1092mm 1/16
印 张◎ 8.5
字 数◎ 210 千字
版 次◎ 2015 年 10 月第 1 版
印 次◎ 2016 年 12 月第 3 次印刷
书 号◎ ISBN 978-7-5435-8037-4
定 价◎ 30.00 元

如发现印装质量问题，影响阅读，请与出版社联系调换。如发现画面模糊、字迹不清、断笔缺画、严重重影等疑似盗版图书，请拨打举报电话（0771）5853704。
策划：小多（北京）文化传媒有限公司
电子信箱：xiaoduo_service@163.com